能源环境领域流动传热数值模拟案例分析

主　　　　编	刘昌宇　李　栋　孟凡斌
副　主　编	张　佳　张成俊　吴洋洋
	高　梦　胡宛玉
主要参编人员	张　姝　周英明　王　迪　濮　御

中国矿业大学出版社

·徐州·

图书在版编目(CIP)数据

能源环境领域流动传热数值模拟案例分析 / 刘昌宇,李栋,孟凡斌主编. — 徐州:中国矿业大学出版社,2022.7

ISBN 978 - 7 - 5646 - 5464 - 1

Ⅰ.①能… Ⅱ.①刘… ②李… ③孟… Ⅲ.①计算流体力学－数值模拟－案例－研究②传热学－数值模拟－案例－研究 Ⅳ.①O35②TK124

中国版本图书馆 CIP 数据核字(2022)第 121851 号

书　　名	能源环境领域流动传热数值模拟案例分析
主　　编	刘昌宇　李　栋　孟凡斌
责任编辑	章　毅　李　敬
出版发行	中国矿业大学出版社有限责任公司
	(江苏省徐州市解放南路　邮编221008)
营销热线	(0516)83885370　83884103
出版服务	(0516)83995789　83884920
网　　址	http://www.cumtp.com　E-mail:cumtpvip@cumtp.com
印　　刷	江苏凤凰数码印务有限公司
开　　本	787 mm×1092 mm　1/16　印张 12.75　字数 326 千字
版次印次	2022 年 7 月第 1 版　2022 年 7 月第 1 次印刷
定　　价	48.00 元

(图书出现印装质量问题,本社负责调换)

前　言

在分析和解决传热和流体流动问题时,基于计算流体力学的数值模拟已与理论分析和实验研究占据相同的地位。有关计算流体力学的数值模拟教材很多,但多数是对计算流体动力学(computational fluid dynamics,简称CFD)及相关软件进行介绍和基础算例讲解,而针对最新科研成果案例的介绍较少,特别是针对建筑节能及能源石油化工行业的CFD模拟的参考书籍更少。本书在介绍传热与流体流动数值计算基本理论的基础上,总结编写团队在建筑节能及能源石油化工行业的最新科研成果,介绍和分析一些典型案例,便于学生更深入地理解,为建筑节能及能源石油化工等相关研究方向的研究生和本科生教学提供CFD综合运用案例式教学素材。

本书共分5章,第1章至第3章介绍了计算流体动力学的基本理论,第4章介绍了应用FLUENT软件求解流动问题的方法及实例,第5章基于本书编写团队在建筑节能及能源石油化工行业的最新科研成果,介绍了相关案例。

本书由李栋教授统稿,第1章、第4章的4.1节和4.2节、第5章的5.8节由刘昌宇老师编写,第3章和第5章的5.2节由孟凡斌老师编写,第2章和第4章的4.3节由张佳老师编写,第5章的其他部分由李栋、张姝(桂林电子科技科技大学)、周英明(北部湾大学)、张成俊、吴洋洋、胡宛玉、高梦、王迪、濮御等几位老师共同编写。感谢研究生郭曦、朱尚文、李品烨、于杨、孙佳星、蔡江阔、刘成、魏昕昕在本书编写过程中所做的工作。

本书的出版要感谢东北石油大学研究生教育创新工程项目(JYCX_08_2020)的支持。

由于编者水平有限,书中难免存在错误和不足之处,敬请读者批评指正。

编　者
2022年5月

目　　录

第1章 基 础 知 识

1.1 计算流体动力学概述

1.1.1 计算流体动力学的概念

计算流体动力学(computational fluid dynamics,简称 CFD)通过计算机数值计算和图像显示,对含有流体流动和热传导等相关物理现象的系统做分析。CFD 的基本思想可以归纳为:把原来在时间域及空间域上连续的物理量的场,如速度场和压力场,用有限个离散点上的变量值的集合来代替,通过一定的原则和方式建立起关于这些离散点上场变量之间关系的代数方程组,然后求解代数方程组获得场变量的近似值。

CFD 是在流动基本方程(质量守恒方程、动量守恒方程、能量守恒方程)控制下的数值模拟。通过这种数值模拟,可以得到极其复杂问题的流场内各个位置的基本物理量(如速度、压力、温度、浓度等)的分布,以及这些物理量随时间的变化情况,如旋涡分布特性、空化特性及脱流区等。还可据此算出相关的其他物理量,如旋转式流体机械的转矩、水力损失和效率等。此外,将 CFD 与 CAD(computer aided design)联合,还可进行结构优化设计等。CFD 方法与传统的理论分析方法、实验测量方法组成了研究流体流动问题的完整体系。

理论分析方法的优点在于其所获得的结果具有普遍性,各种影响因素清晰可见。理论分析方法是指导实验研究和验证新的数值计算方法的理论基础。但是,它往往要求对计算对象进行抽象和简化才有可能得出理论解,而对于非线性情况,只有少数流动才能给出解析结果。

实验测量方法所得到的结果真实可信,它是理论分析和数值方法的基础,其重要性不容低估。然而,实验往往受到模型尺寸、流场扰动、人身安全和测量精度的限制,有时可能很难得到结果。此外,实验中还涉及经费投入、人力和物力的巨大耗费以及实验周期长等许多困难。

CFD 方法恰好克服了理论分析方法和实验测量方法的弱点,在计算机上实现一个特定的计算就好像在计算机上做一次物理实验。例如,机翼的绕流,通过计算并将其结果在屏幕上显示就可以看到流场的各种细节,如激波的运动与强度、涡的生成与传播、流动的分离、表面的压力分布、受力大小及其随时间的变化等。数值模拟可以形象地再现流动情景,与做物理实验没有什么区别。

1.1.2 计算流体动力学的工作步骤

采用 CFD 方法对流体流动进行数值模拟,通常包括如下步骤:

（1）建立反映工程问题或物理问题本质的数学模型。具体来说，就是要建立反映问题各个量之间关系的微分方程及相应的定解条件。没有正确完善的数学模型，数值模拟就毫无意义。流体的基本控制方程通常包括质量守恒方程、动量守恒方程、能量守恒方程，以及这些方程相应的定解条件。

（2）寻求高效率、高准确度的计算方法，即建立针对控制方程的数值离散化方法，如有限差分法、有限元法、有限体积法等。计算方法不仅包括微分方程的离散化方法及求解方法，还包括立体坐标的建立、边界条件的处理等。这些内容可以说是 CFD 的核心。

（3）编制程序和进行计算。这部分工作包括计算网格划分、初始条件及边界条件的输入、控制参数的设定等，是整个工作中花费时间最多的部分。由于求解的问题比较复杂，比如 Navier-Stokes 方程就是一个十分复杂的非线性方程，数值求解方法在理论上不是绝对完善的，所以需要通过实验加以验证。从这个意义上讲，数值模拟又可称为数值实验。

（4）显示计算结果。计算结果一般通过图表等方式显示，这对检查与判断分析质量和结果有重要参考意义。

以上这些步骤构成了 CFD 数值模拟的全过程，其中数学模型的建立是理论研究的课题，一般由理论工作者完成。

1.1.3　计算流体动力学的特点

CFD 的优点是适应性强、应用面广。首先，流动问题的控制方程一般是非线性的，自变量多，计算域的几何形状和边界条件复杂，很难求得解析解，而用 CFD 方法则有可能找出满足工程需要的数值解；其次，可利用计算机进行各种数值实验，例如，选择不同流动参数进行物理方程中各项有效性和敏感性实验，从而进行方案比较；最后，它不受物理模型和实验模型的限制，省钱省时，灵活性较高，能给出详细完整的资料，很容易模拟特殊尺寸、高温、有毒、易燃等在真实条件和实验中只能接近而无法达到的理想条件。

CFD 也存在一定的局限性。首先，数值解法是一种离散近似的计算方法，依赖于物理上合理、数学上适用，并适合于在计算机上进行计算的离散的有限数学模型，且最终结果不能提供任何形式的解析表达式，只是有限个离散点上的数值解，并有一定的计算误差；其次，它不像物理模型实验那样一开始就能给出流动现象并定性地描述，往往需要由原体观测或物理模型实验提供某些流动参数，并需要对建立的数学模型进行验证；再次，程序的编制及资料的收集、整理与正确利用，在很大程度上依赖于经验与技巧；最后，数值处理方法等有可能导致计算结果不真实，例如产生数值黏性等伪物理效应。当然某些缺点或局限性可通过某些方式克服或弥补，这在本书中会有相应介绍。此外，CFD 因涉及大量数值计算，常需要较高的计算机软件和硬件配置。

CFD 有其自身的原理、方法和特点，数值计算与理论分析、实验观测相互联系、相互促进，但不能完全相互替代，三者各有各的适用场合。在实际工作中，需要注意三者的有机结合，争取做到取长补短。

1.1.4　计算流体动力学的应用领域

近年来，CFD 有了很大的发展，替代了经典流体力学中的一些近似计算法和图解法。一些典型教学实验，如 Reynolds 实验，现在完全可以借助 CFD 手段在计算机上实现。所有涉及流体流动、热交换、分子输运等现象的问题,几乎都可以通过计算流体力学的方法进行分析和模拟。CFD 不仅作为一个研究工具,而且还作为设计工具在水利工程、土木工程、环境工程、食品工程、海洋结构工程、工业制造等领域发挥作用。典型的应用场合及相关的工程问题主要包括:

(1) 水轮机、风机和泵等流体机械内部的流体流动;

(2) 飞机和航天飞机等飞行器的设计;

(3) 汽车流线外形对性能的影响;

(4) 洪水波及河口潮流计算;

(5) 风载荷对高层建筑物稳定性及结构性能的影响;

(6) 温室、室内的空气流动及环境分析;

(7) 电子元器件的冷却;

(8) 换热器性能分析及换热器片形状的选取;

(9) 河流中污染物的扩散;

(10) 汽车尾气对街道环境的污染;

(11) 食品中细菌的运移。

对这些问题的处理,过去主要借助基本理论分析和大量物理模型实验,而现在大多采用 CFD 的方式加以分析和解决,CFD 技术现已发展到完全可以分析三维黏性湍流及旋涡运动等复杂问题的程度。

1.1.5 计算流体动力学的分支

经过多年的发展,CFD 出现了多种数值解法。这些方法之间的主要区别在于对控制方程的离散方式。根据离散的原理不同,CFD 大体上可分为三个分支:

(1) 有限差分法 (finite difference method,FDM);

(2) 有限元法(finite element method,FEM);

(3) 有限体积法(finite volume method,FVM)。

有限差分法是应用最早、最经典的 CFD 方法,它将求解域划分为差分网格,用有限个网格节点代替连续的求解域,然后将偏微分方程的导数用差商代替,推导出含有离散点上有限个未知数的差分方程组,求出差分方程组的解,即微分方程定解问题的数值近似解,它是一种直接将微分问题变为代数问题的近似数值解法。这种方法发展较早,比较成熟,较多地用于求解双曲型和抛物型问题。在此基础上发展起来的方法有 PIC(particle-in-cell)法、MAC(marker-and-cell)法以及有限分析法(finite analysis method)等。

有限元法是 20 世纪 80 年代开始应用的一种数值解法,它是既吸收了有限差分法中离散处理的内核,又采用了变分计算中选择逼近函数对区域进行积分的合理方法。有限元法因求解速度较有限差分法和有限体积法慢,它的应用不是特别广泛。

有限体积法将计算区域划分为一系列控制体积,将待解微分方程对每一个控制体积分别得出离散方程。有限体积法的关键是在导出离散方程的过程中对界面上的被求函数本身及其导数的分布做出某种形式的假定。用有限体积法导出的离散方程可以保证有解,而离散方程系数物理意义明确,计算量相对较小。1980 年,*Numerical Heat Transfer and Fluid Flow* 对有限体积法做了全面的阐述。此后,该方法得到应用,是目前 CFD 应用最广的一种方法。当然,对这种方法的研究和扩展也在不断进行。

考虑到目前的 CFD 商用软件大多采用有限体积法,加之篇幅所限,本书后续内容主要讨论有限体积法。

1.2 流体基本物性参数

流体是 CFD 的研究对象,流体的性质及流动状态决定着 CFD 的计算模型及计算方法的选择,也决定着流场各物理量的最终分布结果。本节将介绍 CFD 所涉及的流体及流动的基本概念和术语。

1.2.1 理想流体与黏性流体

黏性(viscocity)是流体内部发生相对运动而引起的内部相互作用。流体在静止时虽不能承受切应力,但在运动时,对相邻两层流体间的相对运动,即相对滑动速度却是有阻力的,这种阻力被称为黏性应力。流体所具有的这种阻碍两层流体间相对滑动速度或抵抗变形的性质,被称为黏性。

黏性大小依赖于流体的性质,并随温度变化而显著变化。实验表明,黏性应力的大小与黏性及相对速度成正比。当流体的黏性较小(如空气和水的黏性都很小),运动的相对速度也不大时,所产生的黏性应力比起其他类型的力(如惯性力)可忽略不计。此时,我们可以近似地把流体看成是无黏性的,称之为无黏流体(inviscid fluid),也叫作理想流体(perfect fluid)。而对于有黏性的流体,则称之为黏性流体(viscous fluid)。十分明显,理想流体对于切向变形没有任何抗拒能力。应该强调指出,真正的理想流体在客观实际中是不存在的,它只是实际流体在某种条件下的一种近似模型。

1.2.2 牛顿流体与非牛顿流体

依据内摩擦剪应力与速度变化率的关系不同,黏性流体又分为牛顿流体(Newtonian fluid)与非牛顿流体(non-Newtonian fluid)。

观察近壁面处的流体流动,可以发现,紧靠壁面的流体黏附在壁面上,静止不动。而在流体内部之间的黏性所导致的内摩擦力的作用下,靠近这些静止流体的另一层流体受迟滞作用速度降低。

流体的内摩擦剪切力 τ_n 由牛顿内摩擦定律决定:

$$\tau_n = \mu \lim_{\Delta n \to 0} \frac{\Delta u}{\Delta n} = \mu \frac{\partial u}{\partial n} \tag{1-1}$$

式中,Δn 为沿法线方向的距离增量;Δu 为对应于 Δn 的流体速度的增量。$\Delta u / \Delta n$ 为法向距离上的速度变化率。所以,牛顿内摩擦定律表示流体内摩擦应力和单位距离上的两层流体间的相对速度成比例。比例系数 μ 称为流体的动力黏度,常简称为黏度,它的值取决于流体的性质、温度和压力大小,单位是 $N \cdot s/m^2$。

若 μ 为常数,则称该类流体为牛顿流体;否则,称之为非牛顿流体。空气、水等均为牛顿流体;聚合物溶液、含有悬浮粒杂质或纤维的流体为非牛顿流体。

对于牛顿流体,通常用 μ 和密度 ρ 的比值 ν 来代替动力黏度。通过量纲分析可知,ν

的单位是 m^2/s。由于没有动力学中力的因次，只具有运动学的要素，所以称 ν 为运动黏度。

1.2.3　流体热传导及扩散

除了黏性外，流体还有热传导(heat transfer)及扩散(diffusion)等性质。当流体中存在温度差时，温度高的地方将向温度低的地方传送热量，这种现象被称为热传导。同样地，当流体混合物中存在着组元的浓度差时，浓度大的地方将向浓度小的地方输送该组元的物质，这种现象被称为扩散。

流体的宏观性质，如扩散、黏性和热传导等，是分子输运性质的统计平均。分子的不规则运动，在各层流体间交换着质量、动量和能量，使不同流体层内的平均物理量均匀化。这种性质被称为分子运动的输运性质。质量输运在宏观上表现为扩散现象，动量输运表现为黏性现象，能量输运则表现为热传导现象。

理想流体忽略了黏性，即忽略了分子运动的动量输运性质，因此在理想流体中也不应考虑质量和能量输运性质——扩散和热传导，因为它们具有相同的微观机制。

1.2.4　可压流体与不可压流体

根据密度 ρ 是否为常数，流体分为可压(compressible)与不可压(incompressible)两大类。当密度 ρ 为常数时，流体为不可压流体；否则，流体为可压流体。空气为可压流体，水为不可压流体。有些可压流体在特定的流动条件下，可以按不可压流体对待。有时，也称其为可压流动与不可压流动。

在可压流体的连续方程中含密度 ρ，因而可把 ρ 视为连续方程中的独立变量进行求解，再根据气体的状态方程求出压力。

不可压流体的压力场是通过连续方程间接规定的。由于没有直接求解压力的方程，不可压流体的流动方程的求解有其特殊的困难性。

1.2.5　定常与非定常流动

根据流体流动的物理量(如速度、压力、温度等)是否随时间的变化而变化，将流动分为定常(steady)和非定常(unsteady)两大类。当流动的物理量不随时间的变化而变化，则为定常流动；当流动的物理量随时间的变化而变化，则为非定常流动。定常流动也被称为恒定流动或稳态流动；非定常流动也被称为非恒定流动、非稳态流动或瞬态(transient)流动。许多流体机械在起动或关机时的流体流动一般是非定常流动，而在正常运转时的流体流动可看作是定常流动。

1.2.6　层流与湍流

自然界中的流体流动状态主要有两种形式，即层流(laminar)和湍流(turbulence)。在许多中文文献中，湍流也被译为紊流。层流是指流体在流动过程中两层之间没有相互混掺，而湍流是指流体不是处于分层流动状态。一般说来，湍流是普遍的，而层流则属于个别情况。

对于圆管内流动，定义 Reynolds 数(也称雷诺数)：

$$Re = u_1 d / \nu \tag{1-2}$$

式中，u_1 为液体流速；ν 为运动黏度；d 为管径。

当 $Re \leqslant 2\,300$ 时，管流一定为层流；当 $Re \geqslant 8\,000 \sim 12\,000$ 时，管流为湍流；当 $2\,300 < Re < 8\,000$，流动处于层流与湍流间的过渡区。

对于一般流动，在计算雷诺数时，可用水力半径 R 代替式（1-2）中的 d（$R = A/x$，其中 A 为通流截面积，x 为润湿周长。对于液体，x 等于在通流截面上液体与固体接触的周界长度，不包括自由液面以上的气体与固体接触的部分；对于气体，x 等于通流截面的周界长度）。

1.3 流体动力学方程

流体流动要受物理守恒定律的支配，基本的守恒定律包括质量守恒定律、动量守恒定律、能量守恒定律。如果流动包含有不同成分（组元）的混合或相互作用，系统还要遵守组分守恒定律。如果流动处于湍流状态，系统还要遵守附加的湍流输运方程。

控制方程（governing equations）是这些守恒定律的数学描述。本节先介绍这些基本的守恒定律所对应的控制方程，有关湍流的附加控制方程将在后面介绍。

1.3.1 质量守恒方程

任何流动问题都必须满足质量守恒定律。该定律可表述为：单位时间内流体微元体质量的增加，等于同一时间间隔内流入该微元体的净质量。按照这一定律，可以得出质量守恒方程（mass conservation equation）：

$$\frac{\partial p}{\partial t} + \frac{\partial(\rho u)}{\partial x} + \frac{\partial(\rho v)}{\partial y} + \frac{\partial(\rho w)}{\partial z} = 0 \tag{1-3}$$

引入矢量符号 $\mathrm{div}(\boldsymbol{a}) = \frac{\partial a_x}{\partial x} + \frac{\partial a_y}{\partial y} + \frac{\partial a_z}{\partial z}$，式（1-3）写成：

$$\frac{\partial \rho}{\partial t} + \mathrm{div}(\rho \boldsymbol{u}) = 0 \tag{1-4}$$

有的文献使用符号 ∇ 表示散度，即 $\nabla \cdot \boldsymbol{a} = \mathrm{div}(\boldsymbol{a}) = \frac{\partial a_x}{\partial x} + \frac{\partial a_y}{\partial y} + \frac{\partial a_z}{\partial z}$，式（1-4）写成：

$$\frac{\partial \rho}{\partial t} + \nabla \cdot (\rho \boldsymbol{u}) = 0 \tag{1-5}$$

式中，ρ 为流体密度；t 为时间；$\boldsymbol{u}$ 为速度矢量；u、v 和 w 为速度矢量在 x、y 和 z 方向的分量。

上面给出的是瞬态二维可压流体的质量守恒方程。若流体不可压，密度 ρ 为常数，式（1-3）变为：

$$\frac{\partial(\rho u)}{\partial x} + \frac{\partial(\rho v)}{\partial y} + \frac{\partial(\rho w)}{\partial z} = 0 \tag{1-6}$$

若流动处于稳态，则流体密度 ρ 不随时间的变化而变化，式（1-6）变为：

$$\frac{\partial \rho}{\partial t} + \frac{\partial(\rho u)}{\partial x} + \frac{\partial(\rho v)}{\partial y} + \frac{\partial(\rho w)}{\partial z} = 0 \tag{1-7}$$

质量守恒方程(1-6)或(1-7)常被称作连续方程(continuity equation),本书后续章节均使用连续方程这个名称。

1.3.2　动量守恒方程

动量守恒定律也是任何流动系统都必须满足的基本定律。该定律可表述为:微元体中流体的动量对时间的变化率等于外界作用在该微元体上的各种力之和。该定律实际上是牛顿第二定律。按照这一定律,可导出 x、y 和 z 三个方向的动量守恒方程:

$$\frac{\partial(\rho u)}{\partial t} + \mathrm{div}(\rho u \boldsymbol{u}) = -\frac{\partial p}{\partial x} + \frac{\partial \tau_{xx}}{\partial x} + \frac{\partial \tau_{yx}}{\partial y} + \frac{\partial \tau_{zx}}{\partial z} + F_x \tag{1-8}$$

$$\frac{\partial(\rho v)}{\partial t} + \mathrm{div}(\rho v \boldsymbol{u}) = -\frac{\partial p}{\partial y} + \frac{\partial \tau_{xy}}{\partial x} + \frac{\partial \tau_{yy}}{\partial y} + \frac{\partial \tau_{zy}}{\partial z} + F_y \tag{1-9}$$

$$\frac{\partial(\rho w)}{\partial t} + \mathrm{div}(\rho w \boldsymbol{u}) = -\frac{\partial p}{\partial z} + \frac{\partial \tau_{xz}}{\partial x} + \frac{\partial \tau_{yz}}{\partial y} + \frac{\partial \tau_{zz}}{\partial z} + F_z \tag{1-10}$$

式中,p 是流体微元体的压力;τ_{xx}、τ_{xy}、τ_{xz} 等是因分子黏性作用而产生的作用在微元体表面上的黏性应力 τ 的分量;F_x、F_y 和 F_z 是微元体上的体力,若体力只有重力,且 z 轴竖直向上,则 $F_x = 0$、$F_y = 0$ 和 $F_z = -\rho g$。

式(1-8)～式(1-10)是对任何类型的流体(包括非牛顿流体)均成立的动量守恒方程。对于牛顿流体,黏性应力 τ 与流体的变形率成比例,有:

$$\tau_{xx} = 2\mu \frac{\partial u}{\partial x} + \lambda \, \mathrm{div}(\boldsymbol{u}) \tag{1-11}$$

$$\tau_{yy} = 2\mu \frac{\partial v}{\partial y} + \lambda \, \mathrm{div}(\boldsymbol{u}) \tag{1-12}$$

$$\tau_{zz} = 2\mu \frac{\partial w}{\partial z} + \lambda \, \mathrm{div}(\boldsymbol{u}) \tag{1-13}$$

$$\tau_{xy} = \tau_{yx} = \mu \left(\frac{\partial u}{\partial y} + \frac{\partial v}{\partial x} \right) \tag{1-14}$$

$$\tau_{xz} = \tau_{zx} = \mu \left(\frac{\partial u}{\partial z} + \frac{\partial w}{\partial x} \right) \tag{1-15}$$

$$\tau_{yz} = \tau_{zy} = \mu \left(\frac{\partial v}{\partial z} + \frac{\partial w}{\partial y} \right) \tag{1-16}$$

式中,μ 为动力黏度(dynamic viscosity);λ 为第二黏度(second viscosity),一般可取 $\lambda = -2/3$。将式(1-14)～式(1-16)代入式(1-8)～式(1-10),得:

$$\frac{\partial(\rho u)}{\partial t} + \mathrm{div}(\rho u \boldsymbol{u}) = \mathrm{div}(\mu \, \mathrm{grad} \, u) - \frac{\partial p}{\partial x} + S_u \tag{1-17}$$

$$\frac{\partial(\rho v)}{\partial t} + \mathrm{div}(\rho v \boldsymbol{u}) = \mathrm{div}(\mu \, \mathrm{grad} \, v) - \frac{\partial p}{\partial y} + S_v \tag{1-18}$$

$$\frac{\partial(\rho w)}{\partial t} + \mathrm{div}(\rho w \boldsymbol{u}) = \mathrm{div}(\mu \, \mathrm{grad} \, w) - \frac{\partial p}{\partial z} + S_w \tag{1-19}$$

式中,$\mathrm{grad} \, u = a_x \left(\dfrac{\partial u}{\partial x} \right) + a_y \left(\dfrac{\partial u}{\partial y} \right) + a_z \left(\dfrac{\partial u}{\partial z} \right)$;$\mathrm{grad} \, v = a_x \left(\dfrac{\partial v}{\partial x} \right) + a_y \left(\dfrac{\partial v}{\partial y} \right) + a_z \left(\dfrac{\partial v}{\partial z} \right)$;

$$\text{grad } w = a_x \left(\frac{\partial w}{\partial x}\right) + a_y \left(\frac{\partial w}{\partial y}\right) + a_z \left(\frac{\partial w}{\partial z}\right); S_u = F_x + S_x, S_v = F_y + S_y, S_w = F_z + S_z, S_x, S_y$$

和 S_z 是动量守恒方程的广义源项，S_x、S_y、S_z 的表达式如下：

$$S_x = \frac{\partial}{\partial x}\mu\left(\frac{\partial u}{\partial x}\right) + \frac{\partial}{\partial y}\mu\left(\frac{\partial v}{\partial x}\right) + \frac{\partial}{\partial z}\mu\left(\frac{\partial w}{\partial x}\right) + \frac{\partial}{\partial x}(\lambda \text{ div } \boldsymbol{u}) \tag{1-20}$$

$$S_y = \frac{\partial}{\partial x}\mu\left(\frac{\partial u}{\partial y}\right) + \frac{\partial}{\partial y}\mu\left(\frac{\partial v}{\partial y}\right) + \frac{\partial}{\partial z}\mu\left(\frac{\partial w}{\partial y}\right) + \frac{\partial}{\partial y}(\lambda \text{ div } \boldsymbol{u}) \tag{1-21}$$

$$S_z = \frac{\partial}{\partial x}\mu\left(\frac{\partial u}{\partial z}\right) + \frac{\partial}{\partial y}\mu\left(\frac{\partial v}{\partial z}\right) + \frac{\partial}{\partial z}\mu\left(\frac{\partial w}{\partial z}\right) + \frac{\partial}{\partial z}(\lambda \text{ div } \boldsymbol{u}) \tag{1-22}$$

一般来讲，S_x、S_y、S_z 是小量，对于黏性为常数的不可压流体来说三者均为 0。

式(1-17)～式(1-19)还可写成展开形式：

$$\frac{\partial(\rho u)}{\partial t} + \frac{\partial(\rho uu)}{\partial x} + \frac{\partial(\rho uv)}{\partial y} + \frac{\partial(\rho uw)}{\partial x}$$
$$= \frac{\partial}{\partial x}\mu\left(\frac{\partial u}{\partial x}\right) + \frac{\partial}{\partial y}\mu\left(\frac{\partial v}{\partial y}\right) + \frac{\partial}{\partial z}\mu\left(\frac{\partial w}{\partial z}\right) - \frac{\partial p}{\partial x} + S_u \tag{1-23}$$

$$\frac{\partial(\rho v)}{\partial t} + \frac{\partial(\rho vu)}{\partial x} + \frac{\partial(\rho vv)}{\partial y} + \frac{\partial(\rho vw)}{\partial x}$$
$$= \frac{\partial}{\partial x}\mu\left(\frac{\partial u}{\partial x}\right) + \frac{\partial}{\partial y}\mu\left(\frac{\partial v}{\partial y}\right) + \frac{\partial}{\partial z}\mu\left(\frac{\partial w}{\partial z}\right) - \frac{\partial p}{\partial y} + S_v \tag{1-24}$$

$$\frac{\partial(\rho w)}{\partial t} + \frac{\partial(\rho wu)}{\partial x} + \frac{\partial(\rho wv)}{\partial y} + \frac{\partial(\rho ww)}{\partial x}$$
$$= \frac{\partial}{\partial x}\mu\left(\frac{\partial w}{\partial x}\right) + \frac{\partial}{\partial y}\mu\left(\frac{\partial w}{\partial y}\right) + \frac{\partial}{\partial z}\mu\left(\frac{\partial w}{\partial z}\right) - \frac{\partial p}{\partial z} + S_w \tag{1-25}$$

式(1-20)～式(1-25)是动量守恒方程，简称动量方程(momentum equations)，也称作运动方程，还可称为 Navier-Stokes 方程。

1.3.3 能量守恒方程

能量守恒定律是包含有热交换的流动系统必须满足的基本定律。该定律可表述为：微元体中能量的增加率等于进入微元体的净热流量加上体力与面力对微元体所做的功。该定律实际是热力学第一定律。

流体的能量 E 通常是内能 E_i、动能 $E_k = 1/2(u^2 + v^2 + w^2)$ 和势能 E_p 三项之和，我们可针对能量 E 建立能量守恒方程。但是，这样得到的能量守恒方程并不是很好，一般是从中扣除动能的变化，从而得到关于内能 E_i 的能量守恒方程。而我们知道，内能 E_i 与温度 T 之间存在一定关系，即 $E_i = c_p T$（其中 c_p 是比热容）。这样，我们可得到以温度 T 为变量的能量守恒方程：

$$\frac{\partial(\rho T)}{\partial t} + \text{div}(\rho \boldsymbol{u} T) = \text{div}\left(\frac{k}{c_p}\text{grad } T\right) + S_T \tag{1-26}$$

式(1-26)可写成展开形式：

$$\frac{\partial(\rho T)}{\partial t} + \frac{\partial(\rho u T)}{\partial x} + \frac{\partial(\rho v T)}{\partial y} + \frac{\partial(\rho w T)}{\partial x}$$

$$= \frac{\partial}{\partial z}\left(\frac{k}{c_p}\frac{\partial T}{\partial x}\right) + \frac{\partial}{\partial y}\left(\frac{k}{c_p}\frac{\partial T}{\partial y}\right) + \frac{\partial}{\partial z}\left(\frac{k}{c_p}\frac{\partial T}{\partial z}\right) + S_T \tag{1-27}$$

式中，T 为温度；k 为流体的传热系数；S_T 为流体的内热源及由于黏性作用流体机械能转换为热能的部分，有时简称 S_T 为黏性耗散项。常将式（1-26）或式（1-27）简称为能量方程（energy equation）。

综合各基本方程，发现有 u、v、w、p、T 和 ρ 6 个未知量，还需要补充一个联系 p 和 ρ 的状态方程（state equation），方程组才能封闭：

$$p = p(\rho, T) \tag{1-28}$$

该状态方程对理想气体有：

$$p = \rho R T \tag{1-29}$$

式中，R 是摩尔气体常数。

需要说明的是，虽然能量方程（1-26）是流体流动与传热问题的基本控制方程，但对于不可压流动，若热交换量很小以至可以忽略时，可不考虑能量守恒方程。这样，只需要联立求解连续方程（1-4）及动量方程（1-17）～（1-19）。

此外，还需要注意，方程（1-26）是针对牛顿流体得出的，对于非牛顿流体，应使用另外形式的能量方程。

1.4　常见流体运动的物理数学模型

质量守恒方程和动量守恒方程相对来说比较复杂，因为它们是非线性的与耦合的，求解困难。用现有的数学工具证明特殊边界条件不存在唯一解。经验表明，Navier-Stokes 方程准确地描述了牛顿流体的"如何流动"。只有在少数情况下在简单几何图形中充分发展的流动，例如在管道中、平行板之间等，才有可能获得 Navier-Stokes 方程的解析解。这些流动对于研究流体动力学的基本原理是重要的，但它们的实际相关性有限。在所有可能有这种解的情况下，Navier-Stokes 方程中的许多项都是零。方程中有一些项是次要的，我们往往可以忽略它们，但这种简化也会引入相应误差。在大多数情况下，即使是简化的方程也不能得到解析解，我们必须使用数值方法。数值方法的计算工作量可能比完整的方程要小得多，这是简化的一个重要原因。我们在下面列出一些可以简化方程的流动类型。

1.4.1　不可压缩流动

前面介绍的质量守恒方程和动量守恒方程是最一般的表示形式，它们假设所有流体及其属性在空间和时间上的变化。在许多应用中，流体密度可以假定为常数。这不仅适用于不可压缩性的液体流动，而且适用于马赫数低于 0.3 的气体流动。如果流动也是等温的，那么黏度也是恒定的。在这种情况下，质量守恒方程和动量守恒方程可简化为：

$$\text{div } \boldsymbol{v} = 0 \tag{1-30}$$

$$\frac{\partial \boldsymbol{u}_i}{\partial t} + \text{div}(\boldsymbol{u}_i v) = \text{div}(v \,\text{grad }\boldsymbol{u}_i) - \frac{1}{\rho}\text{div}(p_i) + b_i \tag{1-31}$$

式中，v 是运动黏度。这种简化通常不适用，因为方程很难求解。然而，它确实有助于数值求解。

1.4.2　无黏(欧拉)流动

在远离固体表面的流体中,黏度的影响通常很小。如果完全忽略黏性效应,即假设应力张量减少到 $T = -pl$,Navier-Stokes 方程减少到欧拉方程。连续性方程与前面相同,动量方程式是:

$$\frac{\partial(\rho \boldsymbol{u}_i)}{\partial t} + \mathrm{div}(\rho \boldsymbol{u}_i v) = -\mathrm{div}(p_i) + \rho b_i \qquad (1\text{-}32)$$

由于假定流体为无黏流体,因此它不能黏附在壁上,并且在固体边界处可能发生滑动。欧拉方程通常用于研究高马赫数下的可压缩流动。在高速下,雷诺数非常高,黏性和湍流效应仅在壁面附近的一个小区域很重要。通常使用欧拉方程可以很好地预测这些流动。

虽然欧拉方程不容易求解,但由于壁附近无须求解边界层,因此可以使用较粗的网格。因此,使用欧拉方程对整个飞机上的流动进行了模拟,但准确地分辨黏性区域需要更多的计算机资源,目前正在研究的基础上进行这种模拟。

设计用于求解可压缩欧拉方程的方法有很多,其中一些方法将在后面内容中简要介绍。关于这些方法的更多详细信息,可在 C.Hirsch、C.A.J.Fletcher 和 D.A.Anderson 等人的著作中找到。本书中描述的求解方法也可用于求解可压缩欧拉方程,我们将在后面章节中介绍,它们的性能与为可压缩流设计的特殊方法相同。

1.4.3　势流

常见流体运动的物理数学模型中一个最简单的模型是势流模型。假设流体为无黏流体(如欧拉方程),然而,对流动施加了一个附加条件——速度场必须是无旋的,即:

$$\mathrm{rot}\ v = 0 \qquad (1\text{-}33)$$

从这个条件可以得出,存在一个速度势,使得速度向量可以定义为 $v = -\mathrm{grad}$,不可压缩流的连续性方程 $\mathrm{div}\ v = 0$,然后成为势 φ 的拉普拉斯方程:

$$\mathrm{div}(\mathrm{grad}\ \varphi) = 0 \qquad (1\text{-}34)$$

动量方程可以通过积分得到伯努利方程,这是一个代数方程,一旦给定了系数,就可以求解。然而,势流的描述需要使用标量拉普拉斯方程。尽管对于简单的情况(如均匀流、源流、汇流、涡流),标量拉普拉斯方程有简单的解析解,但对于任意几何形状,它无法通过解析方法求解。然而,可以将这些简单的解析解组合起来,以创建更复杂的流动,如绕圆柱体的流动。

对于每个速度势,还可以定义相应的流函数。速度矢量与流线相切(恒定流线函数线)、流线与恒电位线正交,因此这些线族构成正交流动面。

1.4.4　一些复杂流动现象的建模

许多实际流动问题很难在数学上精确描述,更不用说精确求解了,包括湍流、燃烧多相流等,因此,人们通常使用半经验模型来表示这些现象,例如湍流模型、燃烧模型、多相模型等,但上述简化会影响解的准确性,各种近似引入的误差可能相互抵消,因此,当从使用模型的计算中得出结论时,需要格外注意此情况。鉴于各种误差在数值解中的重要性,我们将在这方面投入大量精力研究。

1.5　流体运动的数学分类

在流动与传热问题求解中主要变量(速度及温度等)的控制方程都可以表示成以下通用形式:

$$\frac{\partial(\rho\varphi)}{\partial t} + \mathrm{div}(\rho\boldsymbol{u}\varphi) = \mathrm{div}(\Gamma_\varphi\,\mathrm{grad}\,\varphi) + S_\varphi \qquad (1\text{-}35)$$

式中,φ 为通用变量;Γ_φ 为广义扩散系数;S_φ 为广义源项。这里引入"广义"二字,表示处在 Γ_φ 与 S_φ 位置上的项不必是原来物理意义上的量,而是数值计算模型方程中的一种定义,不同求解变量之间的区别除了边界条件与初始条件外,就在于 Γ_φ 与 S_φ 的表达式的不同。式(1-35)也包括了质量守恒方程,只要令 $\varphi=1$、$S_\varphi=0$ 即可。在计算传热学的一些文献中常常在给出式(1-35)这样的通用形式后,以表格的形式给出所求解变量的 Γ_φ 与 S_φ 的表达式。

对于上述控制方程要做以下几点说明:

(1) 三维非稳态 Navier-Stokes 方程无论对层流或湍流都是适用的。但是对于湍流,如果直接求解三维非稳态的控制方程,需要采用对计算机的内存与速度要求很高的直接模拟方法(direct numerical simulation),目前无法应用于工程计算。工程中广为采用的是对非稳态 Navier-Stokes 方程做时间平均的方程,并且还需要补充能反映湍流特性的其他方程,这些方程也可以纳入式(1-35)的形式中。

(2) 当流动与换热过程伴随质交换现象时,控制方程中还应增加组分守恒定律。设组分 l 的质量百分数为 m_l,在引入质扩散的菲克定律后,可得:

$$\frac{\partial(\rho m_l)}{\partial t} + \mathrm{div}(\rho m_l \boldsymbol{u}) = \mathrm{div}(\Gamma_l\,\mathrm{grad}\,m_l) + R_l \qquad (1\text{-}36)$$

式中,R_l 为单位容积内组分 l 的产生率;Γ_l 为组分 l 的扩散系数。显然式(1-36)也可以归入式(1-35)的模式中。

(3) 在式(1-36)中,虽然假定了式(1-35)中的 c_p 为常数,但这并不意味着只能用于 c_p 为常数的情形。对于变物性的问题(c_p 与温度有关),我们可以用上一次迭代或上一个时层的温度来确定其值,使 c_p 仍能随着温度的变化而改变,只是在迭代或时间的层次上稍有滞后。对于稳态的问题,当整个计算过程收敛时,这一差别也就消失了。

(4) 在传热学的 3 种热量传递方式中,导热与对流可以由控制方程(1-36)来描写。如果流体本身是辐射性的介质(如高温烟气),除了导热与对流以外,不相邻的流体微团之间及流体与壁面之间还有辐射换热,辐射换热需要用积分方程来描述。本书中将不涉及这类问题,有关辐射换热的数值计算可参见相关文献。

在式(1-35)所代表的通用控制方程中,对流项都采用散度(divergence)的形式来表示,在数值计算的文献中称为守恒型的控制方程或控制方程的守恒形式(conservative form)。位于式(1-35)散度符号内的都是通过流动在单位时间内单位面积上进入所研究区域的某个物理量的净值。

在有关流体力学与传热学的一般文献中,还经常见到非守恒型的控制方程。以能量方程为例可写成:

$$T\,\frac{\partial \rho}{\partial t}+\rho\,\frac{\partial T}{\partial t}+T\,\frac{\partial(\rho u)}{\partial x}+\rho u\,\frac{\partial T}{\partial x}+T\,\frac{\partial(\rho v)}{\partial y}+\rho v\,\frac{\partial T}{\partial y}+T\,\frac{\partial(\rho w)}{\partial z}+\rho w\,\frac{\partial T}{\partial z}$$

$$=\operatorname{div}\left(\frac{k}{c_{\mathrm{p}}}\operatorname{grad}\,T\right)+S_{\mathrm{T}}$$

$$(1\text{-}37)$$

式(1-37)可简化为：

$$\rho\left(\frac{\partial T}{\partial t}+u\,\frac{\partial T}{\partial x}+v\,\frac{\partial T}{\partial y}+w\,\frac{\partial T}{\partial z}\right)=\operatorname{div}\left(\frac{k}{c_{\mathrm{p}}}\operatorname{grad}\,T\right)+S_{\mathrm{T}} \qquad (1\text{-}38)$$

式(1-38)即能量守恒方程的非守恒形式(non-conservative form)。类似地,可得动量守恒方程及质量守恒方程的非守恒形式。

质量守恒方程：

$$\frac{\partial \rho}{\partial t}+u\,\frac{\partial \rho}{\partial x}+v\,\frac{\partial \rho}{y}+w\,\frac{\partial \rho}{\partial z}+\rho\operatorname{div}\boldsymbol{u}=0 \qquad (1\text{-}39)$$

动量守恒方程：

$$\rho\left(\frac{\partial u}{\partial t}+u\,\frac{\partial u}{\partial x}+v\,\frac{\partial u}{\partial y}+w\,\frac{\partial u}{\partial z}\right)=-\frac{\partial \rho}{\partial x}+\operatorname{div}(\eta\operatorname{grad}\,u)+S_{u} \qquad (1\text{-}40)$$

$$\rho\left(\frac{\partial v}{\partial t}+u\,\frac{\partial v}{\partial x}+v\,\frac{\partial v}{\partial y}+w\,\frac{\partial v}{\partial z}\right)=-\frac{\partial \rho}{\partial y}+\operatorname{div}(\eta\operatorname{grad}\,v)+S_{v} \qquad (1\text{-}41)$$

$$\rho\left(\frac{\partial w}{\partial t}+u\,\frac{\partial w}{\partial x}+v\,\frac{\partial v}{\partial y}+w\,\frac{\partial v}{\partial z}\right)=-\frac{\partial \rho}{\partial z}+\operatorname{div}(\eta\operatorname{grad}\,w)+S_{w} \qquad (1\text{-}42)$$

值得指出,从微元体的角度来看,控制方程的守恒型与非守恒型是等价的,都是物理的守恒定律的数学表示。但是数值计算是对有限大小的计算单元进行的,对有限大小的计算体积,两种形式的控制方程则有不同的特性,控制方程的守恒型与非守恒型的名称也是在20世纪80年代后才在有关文献中出现。从数值计算的角度出发,守恒型的方程有两个优点。在计算可压缩流动时,守恒型的控制方程可以使激波的计算结果光滑而且稳定,而应用非守恒型方程时激波的计算结果会在激波前后引起解的振荡,并导致错误的激波位置。所以在空气动力学的数值计算中守恒型的控制方程特别受重视,并且用通量的一阶导数的方程组形式来表示,但这种表达方式在传热学计算中并未采用,故此处不予介绍,有兴趣的读者可参见相关文献。在传热学计算中,希望数值计算结果能满足守恒定律,而要保证做到这一条,应该采用守恒型的控制方程。也就是说,只有守恒型的控制方程才可以保证对有限大小的控制容积内所研究的物理量的守恒定律仍然得到满足。为了说明这一点,我们对空间任意有限大小的容积 V 做积分：

$$\frac{\partial}{\partial t}\int_{V}(\rho c_{\mathrm{p}}T)\mathrm{d}v=-\int_{V}\operatorname{div}(\rho c_{\mathrm{p}}\boldsymbol{u}T)\mathrm{d}v+\int_{V}\operatorname{div}(\lambda\operatorname{grad}\,T)\mathrm{d}v+\int_{V}(c_{\mathrm{p}}S)\mathrm{d}v \qquad (1\text{-}43)$$

利用高斯降维定律,可得：

$$\frac{\partial}{\partial t}\int_{V}(\rho c_{\mathrm{p}}T)\mathrm{d}v=-\int_{\partial V}(\rho c_{\mathrm{p}}\boldsymbol{u}T)\cdot n\,\mathrm{d}F+\int_{\partial V}(\lambda\operatorname{grad}\,T)\cdot n\,\mathrm{d}F+\int_{V}(c_{\mathrm{p}}S)\mathrm{d}v \qquad (1\text{-}44)$$

式(1-44)中, ∂V 为该容积的总表面积；$\mathrm{d}F$ 为体积 V 上的微元表面积；T 为温度；S 为广源项。式(1-44)表明,该体积内单位时间能量的增加等于同一时间间隔内下列各项能量之和：通过该容积的表面由于流体的流动而进入该容积的能量、由于热传导进入该容积的能量及内热源的生成热。显然这就是所研究的有限大小容积的能量守恒的表达式。如果对式（1-38）做同样的积分，由于对流项不表示成散度的形式而无法得出上述结果。

讨论控制方程守恒型与非守恒型的目的在于：不论节点布置的疏密程度如何，根据控制方程而导出的离散方程也具有对任意大小容积守恒的特性。离散方程的守恒特性是工程计算所希望的。从后面的章节可以看出，凡是从守恒型的控制方程出发，采用控制容积积分法导出的离散方程可以保证具有守恒特性，而从非守恒型控制方程出发所导出的离散方程则未必具有守恒特性。

从上面介绍的流动与传热过程的控制方程可见，最高阶的导数是二阶（扩散项），而且都是线性的，即二阶导数项中既没有出现导数的乘积，也没有不等于 1 的指数，它们都与一个系数相乘，后者可能是空间坐标或被求变量的函数。数学上称这一类方程为拟线性偏微分方程（quasilinear partial differential equation）。对于二阶二元的拟线性偏微分方程，其数学上的一般形式为：

$$a\varphi_{xx} + b\varphi_{xy} + c\varphi_{yy} + d\varphi_x + e\varphi_y + f\varphi = g(x,y) \tag{1-45}$$

式中，下标 x, y 表示对该自变量的偏导数；系数 a, b, c, d, e, f 可以是因变量 φ 及自变量 x, y 的函数。

具有两个自变量的拟线性二阶偏微分方程可以分为三种类型：双曲型、抛物型和椭圆型。每种曲线携带有关解的信息并且都是有区别的。这种类型的每个方程都有两组特征线。对由上述偏微分方程所描写的物理过程，系数 a、b、c 的值一般随求解区域中的位置而异。对区域中某点 (x_0, y_0)，视 $(b^2 - 4ac)$ 大于、等于或小于零的情况，可把微分方程在该点称为：

（1）双曲型（hyperbolic），如果 $b^2 - 4ac > 0$，过该点有两条实的特征线；

（2）抛物型（parabolic），如果 $b^2 - 4ac = 0$，过该点有一条实的特征线；

（3）椭圆型（elliptic），如果 $b^2 - 4ac < 0$，过该点没有实的特征线。

在双曲型的情况下，有两组实的且不同的特征线，这意味着信息在两组特征线方向上以有限的速度传播。一般来说，信息传播是在一个特定的方向，需要在每个特征的初始点给出一个数据，因此，这两组特征线需要两个初始条件。如果存在横向边界，通常每个点只需要一个条件，因为一个特征线是将信息带出，另一个特征线是将信息带入。但是，此规则也有例外。在抛物型方程中，特征线减少为单个实集，因此，通常只需要一个初始条件。在横向边界，每一点都需要一个条件。在椭圆型的情况下，特征线是虚的或复数的，因此没有特殊的信息传播方向。事实上，信息在各个方向上的传播基本上都一样好。通常，边界条件在解的过程中非常重要，因为它们确定了该系统中的一些物理特性或约束条件，如系统的初始状态、外部的力或温度条件等。这些条件将导致不同的解，并且解的合法性通常由这些条件所决定。另外，通常情况下我们会对一个特定的区域进行求解，因此我们需要限制求解区域。如果我们要解决的问题可以扩展到无穷大，那么我们可能需要使用一些特殊的技术，如人工割裂或边界元素法等来解决离散化解析的问题。

Navier-Stokes 方程是一个包含 4 个自变量的非线性二阶方程组。因此，分类方案并不直接适用。尽管如此，Navier-Stokes 方程仍具有上述许多性质，并且在求解两个自变量中的二阶方程时使用的许多思想都适用于它们，但必须小心谨慎。

如果在整个求解区域中,描写物理问题的偏微分方程都属于同一个类型,则该物理问题就可以用偏微分方程的类型来称谓,例如双曲型问题、抛物型问题或椭圆型问题。在有的物理问题中,同一求解区域内的偏微分方程可能属于不同的类型,称为混合型问题。在传热学问题中很少出现这种情况,本书不予研究。不同类型偏微分方程在特性上的主要区别是它们的依赖区(domain of dependence)与影响区(domain of influence)不同。

对于式(1-45)或其他偏微分方程,我们需要在区域 R 中找到该方程的解。为了能够求解 P 点的值,我们需要在 P 点的依赖区域内给定一些边界条件,并考虑区域内物体的初始状态或外部条件等因素,这样才能唯一确定 P 点的值。而不同点的依赖区域有可能会相互重叠,这时就需要将这些区域进行合并,以确保所有依赖区域内的信息都得到正确处理。与此同时,当 P 点的值发生变化时,P 点的影响区域内的点也会受到影响而发生变化。P 点的影响区域是指所有可能会因为 P 点值的变化而发生变化的点构成的集合。在求解过程中,我们需要不断地更新影响区域内各点的值,以保持其与 P 点的联动关系。

1.5.1　双曲型流动

通过计算区域中的任意一点 P 都有两条实的特征线,如图1-1所示。此时 P 点的依赖区是上游位于特征线间的区域,而其影响区则是下游特征线间的区域。双曲型方程数值求解也是一种步进过程:从 $x=0$ 的 ab 段上的初始条件出发,沿着 x 方向步步推进。P 点上所求解的因变量(例如 u,v)仅受到 ab 段上边界条件的影响,位于 ab 段外的任意一点(例如 c 点)的影响沿着通过 c 的特征线所包围的区域传递,而不会影响到 P 点。物理学中的波动方程,空气动力学中的无黏流体稳态超音速流动及无黏流体的非稳态流动都是双曲型问题,例如不考虑黏性时气体在管道内的一维非稳态流动发生在极短时间内的导热过程(非傅里叶导热过程)、温度场随时间的变化。对一般的工程导热与对流换热问题进行数值分析时,不采用双曲型方程的数学模型。因此本书后面的讨论将不涉及这类问题。

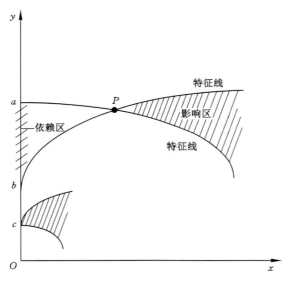

图 1-1　双曲型方程的依赖区与影响区

首先,考虑非定常无黏性可压缩流的情况。可压缩流可以是声波和冲击波,这些方程本质上具有双曲型特征线也就不足为奇了。大多数用于求解这些方程的方法都是基于方程是双曲型,如果处理得当,这将是一个事半功倍的方法。

对于稳定的可压缩流,特征线取决于流动速度。如果流动是超音速,则方程是双曲型的,而亚音速流动的方程基本上是椭圆型的,这导致了我们进一步讨论的困难。然而,应该注意的是,黏性可压缩底层的方程仍然更加复杂。它们的特征线是上述所有类型元素的混合,它们不适合分类方案,并且难以构建它们的数值方法。

1.5.2 抛物型流动

抛物型方程描述物理学中因变量与时间有关的一类问题,或问题中有类似于时间的变量,因而又被称为初值问题。抛物型方程的求解区域是一个开区间,计算时从已知的初值出发,逐步向前推进,依次获得适合于给定边界条件的解。这种数值求解方法被称为步进法(marching method)。一维非稳态导热是关于时间的步进问题,而边界层型的流动与换热则是主流方向的步进问题。在这类问题中,特征线是与步进方向垂直的,抛物型方程的依赖区与影响区以特征线为分界线,如图 1-2 所示(图中的 x 对于非稳态问题时是时间坐标,对于二维边界层类型问题时则代表了主流方向)。

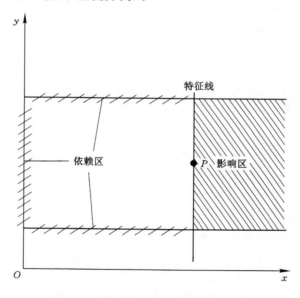

图 1-2　抛物型方程的依赖区与影响区

步进问题的依赖区与影响区以特征线为界而截然分开是有其明确的物理意义的。对非稳态导热,某一瞬时物体中的温度分布取决于该瞬时以前的情况及边界条件,而与该瞬时以后将要发生的情形无关。对于边界层类型的流动与换热问题,因为略去了主流方向的扩散作用,抛物型方程的上述特性是下游的物理量取决于上游的物理量,而上游的物理量不会受下游的物理量影响的这一物理现象的反映。

步进问题的上述特点对于数值计算十分有利。在这类问题中,不必像平衡问题那样,整个区域内各节点的值要同时求解,而是可以从给定的初值出发,采用层层推进的方法,一直计算到所需时刻或地点为止。例如,对于一个二维稳态的边界层类型的流动与换热问题,只要给出了上游某一位置垂直于主流方向上各节点处的变量值及边界条件,就可以得出主流方向上各位置处因变量的分布。这样,虽然所计算的问题是二维的,但求解代数方程时所需的存储容量却只是一维的,这就可以大大节省计算时间及内存。

上面简要描述的边界层近似导致其方程为抛物型。信息只在这些方程的下游传播,它们可以使用适合抛物型方程的方法求解。

但是要注意,边界层方程需要指定压力,该压力通常通过求解潜在流动问题获得。亚音速势流由椭圆型方程控制(在不可压缩极限中,拉普拉斯方程就足够了),因此整个问题实际上具有混合抛物-椭圆型特征线。

1.5.3 椭圆型流动

椭圆型方程描写物理学中一类稳态问题,这种物理问题的变量与时间无关,需要在空间的一个闭区域内来求解。如图 1-3(a)所示,这时任一点 P 的依赖区是包围该点的求解区域边界的封闭曲线,而 P 点的影响区则是整个求解区域 R [图 1-3(b)],因而这类问题又被称为边值问题(boundary value problem)。稳态导热过程、有回流的流动与对流换热都属于椭圆型问题,其控制方程都是椭圆型的。

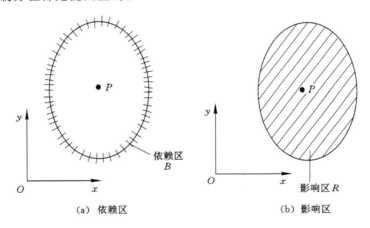

(a) 依赖区 (b) 影响区

图 1-3 椭圆型方程的依赖区与影响区

椭圆型方程的上述特点决定了其离散方程求解的基本方法。由于求解区中各点上的值是互相影响的,因而各节点上的代数方程必须联立求解,而不能先解得区域中某一部分上的值后再去确定其余区域上的值。

当流动具有再循环区域时,即在与流动的主要方向相反的方向上流动时,信息既可以向上游传播,也可以向下游传播。因此,不能仅在流动的上游端应用条件。然后这种问题将得到椭圆型特征线。这种情况发生在亚音速(包括不可压缩)流动中,这使得方程的求解成为一项非常困难的任务。

应该注意的是,不稳定的不可压缩流动实际上具有椭圆型和抛物型的组合特征线。前者源于信息在空间中双向传播,后者源于信息只能在时间上向前传播。这类问题称为不完全抛物线问题。

1.5.4 混合型流动

正如前文所说的,有可能不是单纯一种类型的方程来描述单个流动过程。另一个重要的例子为跨音速稳定流动,即同时包含超音速和亚音速区域稳定可压缩流体。亚音速区域是椭圆型,超音速区域是双曲型。因此,可能有必要根据局部流动的性质改变逼近方程的方法。但糟糕的是,在求解方程之前无法确定区域。

值得指出的是,上面在提到一维非稳态导热问题时,称之为关于时间坐标的步进问题。这是因为对空间坐标而言,它仍具有平衡问题的特性,同一时层上空间不同点的值必须同时求解。这就是说,在描述微分方程的类别时,应当指出是对什么坐标而言的。例如,一个二维稳态的边界层问题,在主流方向上控制方程是抛物型的,是步进问题;而在垂直于主流方向上,则具有椭圆型方程的性质。这与在不同的坐标方向上扰动或影响的传递具有不同的特性有关。在有的坐标轴上,扰动可以向两个方向传递,同时该坐标上任一点处物理量的值可受到两侧条件的影响,这样的坐标被形象地称为"双向坐标"(two-way coordinate)。在另一类坐标中,扰动仅能向一个方向传递,同时该坐标上任一点处的物理量也仅受一侧条件的影响,这种坐标被称为"单向坐标"(one-way coordinate)。因而,抛物型这一名称表示了一种单向作用的概念,而椭圆型这一术语则具有双向作用的意义。于是可以说,在一个多维的非稳态导热问题中,时间坐标是单向坐标,而所有的空间坐标则均为双向坐标。由此可见,在流动与换热的数值计算中,区别控制方程或坐标的类型具有重要的意义。如果所研究的问题中有一个空间坐标是单向的,就称这种流动或换热是边界层型的问题;如果所有的空间坐标都是双向的,就称之为回流流动。抛物型与椭圆型是从数学的角度来命名的,而边界层型与回流型则是物理意义的称谓。在本书后文的叙述中,将把它们当作同义词来应用。

1.6 计算流体软件求解过程

对前两节中所介绍的描写流动与换热的偏微分方程,数学界已经发展出了不少获得其精确解(exact solution;又称分析解,analytical solution)的数学方法。这些精确解是在整个求解区域内连续变化的函数。但是直到目前,这些分析解还只能对于少量的简单的情形得出,可参见文献[10]对于大量具有工程实际意义的流动与换热问题,数值计算的方法越来越广泛地得到应用。

为了进行 CFD 计算,用户可借助商用软件来完成所需要的任务,也可自己直接编写计算程序,两种方法的基本工作过程是相同的。本节给出基本计算思路,至于每一步的详细过程,将在本书的后续章节逐一进行介绍。

1.6.1 总体计算流程

无论是流动问题、传热问题、污染物的运移问题,还是稳态问题、瞬态问题,其求解过程都可用图 1-4 表示。

数值传热学(numerical heat transfer,NHT)又称计算传热学(computational heat transfer,CHT),是指对描写流动与传热问题的控制方程采用数值方法,通过计算机求解的一门传热学与数值方法相结合的交叉学科。数值传热学求解问题的基本思想是把原来在空

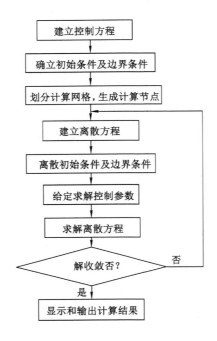

图 1-4　CFD 工作流程图

间与时间坐标中连续的物理量的场(如速度场、温度场、浓度场等),用一系列有限个离散点(被称为节点,node)上的值的集合来代替,通过一定的原则建立起这些离散点上变量值之间关系的代数方程(被称为离散方程,discretization equation),求解所建立起来的代数方程以获得所求解变量的近似值。

在过去的几十年内已经发展出了多种数值解法,它们之间的主要区别在于区域的离散方式、方程的离散方式及代数方程求解的方法这 3 个环节上。在流动与传热计算中应用较广泛的是有限差分法(finite difference method,FDM)、有限元法(finite element method,FEM)、有限分析法(finite analytic method,FAM)及有限容积法(finite volume method,FVM)。

如果所求解的问题是瞬态问题,则可将图 1-4 的过程理解为一个时间步的计算过程,循环这一过程求解下个时间步的解。下面对各求解步骤做简单介绍。

1.6.2　建立控制方程

建立控制方程是求解任何问题前都必须首先进行的。一般来讲,这一步比较简单。因为对于一般的流体流动而言,可根据 1.3 节的分析直接写出其控制方程。例如,对于水流在水轮机内的流动分析问题,若假定没有热交换发生,则可直接将连续方程与动量方程作为控制方程使用。当然,由于水轮机内的流动大多处于湍流范围,因此,一般情况下,需要增加湍流方程。

湍流是自然界非常普遍的流动类型,湍流运动的特征是在运动过程中液体质点具有不断的互相混掺的现象,速度和压力等物理量在空间和时间上均具有随机性质的脉动值。

三维瞬态 Navier-Stokes 方程无论对层流还是湍流都是适用的。但对于湍流,如果直接求解三维瞬态的控制方程,需要采用对计算机内存和速度要求很高的直接模拟方法,但目前还不可能在实际工程中采用此方法。工程中广为应用的方法是对瞬态 Navier-Stokes 方程做时间平均处理,同时补充反映湍流特性的其他方程,如湍动能方程和湍流耗散率方程等。这些附加的方程也可以纳入式(1-35)的形式中,采用同一程序代码来求解。

在上一节给出的各基本控制方程及式(1-35)所代表的通用控制方程中,对流项均采用散度的形式表示,例如式(1-35)中对流项写作 $\mathrm{div}(\rho \boldsymbol{u} \varphi)$,物理量都在微分符号内。许多文献称这种形式的方程为守恒型控制方程或控制方程的守恒形式(conservation form)。

与下面要介绍的非守恒型控制方程相比,守恒型控制方程更能保持物理量守恒的性质,特别是在有限体积法中可方便地建立离散方程,因此,守恒型控制方程得到了较广泛应用。为便于以后引用,现将上一节所给出的各守恒型控制方程列于表 1-1。

表 1-1　三维、瞬态、可压、牛顿流体的流动与传热问题的守恒型控制方程

方程名称	方程形式
连续方程	$\dfrac{\partial \rho}{\partial t} + \mathrm{div}(\rho \boldsymbol{u}) = 0$
x 动量方程	$\dfrac{\partial (\rho u)}{\partial t} + \mathrm{div}(\rho u \boldsymbol{u}) = \mathrm{div}(\mu\, \mathrm{grad}\, u) - \dfrac{\partial p}{\partial x} + S_u$
y 动量方程	$\dfrac{\partial (\rho v)}{\partial t} + \mathrm{div}(\rho v \boldsymbol{u}) = \mathrm{div}(\mu\, \mathrm{grad}\, v) - \dfrac{\partial p}{\partial y} + S_v$
动量方程	$\dfrac{\partial (\rho w)}{\partial t} + \mathrm{div}(\rho w \boldsymbol{u}) = \mathrm{div}(\mu\, \mathrm{grad}\, w) - \dfrac{\partial p}{\partial z} + S_w$
能量方程	$\dfrac{\partial (\rho T)}{\partial t} + \mathrm{div}(\rho \boldsymbol{u} T) = \mathrm{div}\left(\dfrac{k}{c_{\mathrm{p}}}\, \mathrm{grad}\, T\right) + S_T$
状态方程	$p = p(\rho, T)$

近年来,在许多文献中还常见到非守恒型控制方程。将式(1-35)的瞬态项和对流项中的物理量从微分符号中移出,式(1-35)所代表的通用控制方程可写成:

$$\varphi\, \frac{\partial \rho}{\partial t} + \rho\, \frac{\partial \varphi}{\partial t} + \varphi\, \frac{\partial (\rho u)}{\partial x} + \rho u\, \frac{\partial \varphi}{\partial x} + \varphi\, \frac{\partial (\rho v)}{\partial y} + \rho v\, \frac{\partial \varphi}{\partial y} + \varphi\, \frac{\partial (\rho w)}{\partial z} + \rho w\, \frac{\partial \varphi}{\partial z}$$
$$= \mathrm{div}(\Gamma\, \mathrm{grad}\, \varphi) + S$$

$$(1\text{-}46)$$

根据连续性方程(1-6),式(1-46)可简化为:

$$\rho\left(\frac{\partial \varphi}{\partial t} + u\, \frac{\partial \varphi}{\partial x} + v\, \frac{\partial \varphi}{\partial y} + w\, \frac{\partial \varphi}{\partial z}\right) = \mathrm{div}(\Gamma\, \mathrm{grad}\, \varphi) + S \qquad (1\text{-}47)$$

式(1-47)即通用控制方程的非守恒形式(non-conservation form)。据此,可得质量守恒方程、动量方程、能量方程的非守恒形式。

从微元体的角度看,控制方程的守恒型与非守恒型是等价的,都是物理守恒定律的数学表示。但对有限大小的计算体积,两个形式的控制方程是有区别的。非守恒型控制方程便于对由此生成的离散方程进行理论分析,而守恒型控制方程更能保持物理量守恒的性质,便于克服对流项非线性引起的问题,且便于采用非矩形网格离散。本书主要使用守恒型控制方程来建立基于有限体积法的离散方程。

1.6.3　确定边界条件与初始条件

初始条件与边界条件是控制方程有确定解的前提,控制方程与相应的初始条件、边界条件的组合构成对一个物理过程完整的数学描述。初始条件是所研究对象在过程开始时刻各个求解变量的空间分布情况。对于瞬态问题,必须给定初始条件;而对于稳态问题,则不需要初始条件。

边界条件是在求解区域的边界上所求解的变量或其导数随地点和时间的变化规律。对于任何问题,都需要给定边界条件。例如,在锥管内的流动,在锥管进口断面上,我们可给定速度、压力沿半径方向的分布,而在管壁上,对速度取无滑移边界条件。

上面所讨论的守恒型与非守恒型的控制方程适用于所有流体的流动与换热过程,各个不同过程之间的区别是由初始条件及边界条件(统称为单值性条件)来规定的。控制方程及相应的初始与边界条件的组合构成了对一个物理过程的完整的数学描写(mathematical formulation)。

初始条件是所研究现象在过程开始时刻的各个求解变量的空间分布,必须予以给定。对于稳态问题不需要初始条件。边界条件是在求解区域的边界上所求解的变量或其一阶导数随地点及时间的变化规律。在所研究区域的物理边界上,一般速度与温度的边界条件设置方法如下:在固体边界上对速度取无滑移边界条件(non-slip boundary condition),即在固体边界上流体的速度等于固体表面的速度,当固体表面静止时,有 $u=v=w=0$。

对于温度在固体表面上可能有 3 种类型的边界条件。这里要指出,对于第 3 类边界条件,导热问题与对流问题有所区别。图 1-5 显示出了其差别。在导热问题中,第 3 类边界条件给出了求解的固体区域周围的流体温度及表面传热系数(对流换热系数)[图 1-5(a)];在求解对流换热问题时,第 3 类边界条件给出的是包围计算区域的固体壁面外侧的流体温度及表面传热系数[图 1-5(b)]。

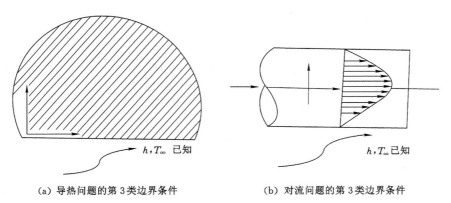

(a) 导热问题的第 3 类边界条件　　　　　(b) 对流问题的第 3 类边界条件

h—传热系数;T_∞—温度。

图 1-5　导热问题与对流问题的第 3 类边界条件

在对流动及传热问题进行数值计算时,常常遇到计算边界,即因为计算需要而划定但并不是实际存在的边界。如何给定这些边界上的条件,是数值传热学中的一个研究课题,我们将在以后有关章节中介绍。下面我们以常物性的不可压缩流体流经一个二维突扩区域的稳态层流换热问题(图 1-6)为例,给出流动与换热的守恒型的控制方程及边界条件结束本节的讨论,假定流动是对称的,取一半作为研究对象。

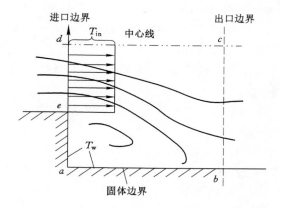

图 1-6　突扩区域内的流动与换热

控制方程如下:
(1) 质量守恒方程:

$$\frac{\partial u}{\partial x} + \frac{\partial v}{\partial y} = 0 \tag{1-48}$$

(2) 动量守恒方程:

$$\frac{\partial(uu)}{\partial x} + \frac{\partial(vu)}{\partial y} = -\frac{1}{\rho}\frac{\partial p}{\partial x} + v\left(\frac{\partial^2 u}{\partial x^2} + \frac{\partial^2 u}{\partial y^2}\right) \tag{1-49}$$

$$\frac{\partial(uv)}{\partial x} + \frac{\partial(vv)}{\partial y} = -\frac{1}{\rho}\frac{\partial p}{\partial y} + v\left(\frac{\partial^2 v}{\partial x^2} + \frac{\partial^2 v}{\partial y^2}\right) \tag{1-50}$$

(3) 能量守恒方程:

$$\frac{\partial(uT)}{\partial x} + \frac{\partial(vT)}{\partial y} = a\left(\frac{\partial^2 T}{\partial x^2} + \frac{\partial^2 T}{\partial y^2}\right) \tag{1-51}$$

边界条件如下:
(1) 进口截面$\overline{de}$:u,v 及 T 随 y 的分布给定;
(2) 固体壁面$\overline{eab}$:$u = v = 0$,$T = T_w$;
(3) 中心线$\overline{cd}$:$\frac{\partial u}{\partial y} = 0$,$\frac{\partial T}{\partial y} = 0$,$v = 0$;
(4) 出口边界$\overline{bc}$:从数学的角度应给出 u,v 及 T 随 y 的分布,实际上常常难以实现。

1.6.4　划分计算网格

采用数值方法求解控制方程时,都是想办法将控制方程在空间区域上进行离散,然后求解得到的离散方程组。要想在空间域上离散控制方程,必须使用网格。现已发展出多种对各种区域进行离散以生成网格的方法,统称为网格生成技术。

不同的问题采用不同数值解法时,所需要的网格形式是有一定区别的,但生成网格的方法基本是一致的。目前,网格分结构网格和非结构网格两大类。简单地讲,结构网格在空间上比较规范,如对一个四边形区域,网格往往是成行成列分布的,行线和列线比较明显。而非结构网格在空间分布上没有明显的行线和列线。

无论是结构网格还是非结构网格,都需要按下列过程生成网格:

(1) 建立几何模型。几何模型是网格和边界的载体。对于二维问题,几何模型是二维面;对于一维问题,几何模型是一维实体。

(2) 划分网格。在所生成的几何模型上应用特定的网格类型、网格单元和网格密度对面和体进行划分,获得网格。

(3) 指定边界区域。为模型的每个区域指定名称和类型,为后续给定模型的物理属性、边界条件和初始条件做好准备。

生成网格的关键在上述过程中的步骤(2),由于传统的 CFD 基于结构网格,因此,目前有多种针对结构网格的成熟的生成技术。而针对非结构网格的生成技术要更复杂一些,本章不做深入讨论。对于二维问题,常用的网格单元有三角形和四边形等形式;对于三维问题,常用的网格单元有四面体、六面体、三棱体等形式。在整个计算域上,网格通过节点联系在一起。

目前各种 CFD 软件都配有专用的网格生成工具,如 FLUENT 使用 GAMBIT 作为前处理软件。多数 CFD 软件可接收采用其他 CAD 或 CFD/FEM 软件产生的网格模型;如 FLUENT 可以接收 ANSYS 所生成的网格。前文已指出,网格生成是一个"漫长而枯燥"的工作过程,经常需要进行大量的试验才能取得成功。因此,出现了许多商品化的专业网格生成软件。此外,一些 CFD 或有限元结构分析软件,如 ANSYS、1-DEAS、NASTRAN、PAT-RAN 和 ARIES 等,也提供了专业化的网格生成工具。这些软件或工具的使用方法大同小异,且各软件之间往往能够共享所生成的网格文件,例如 FLUENT 就可读取上述各软件所生成的网格。

有一点需要说明,由于网格生成涉及几何造型,特别是三维实体造型,因此,许多网格生成软件除自己提供几何建模功能外,还允许用户利用 CAD 软件(如 AutoCAD Pro/ENGIN-FFR)先生成几何模型,然后再导入网格软件中进行网格划分。因此,使用前处理软件往往需要涉及 CAD 软件的造型功能。

1.6.5 建立离散方程

对于在求解域内所建立的偏微分方程,理论上是有真解(精确解或解析解)的。但由于所处理的问题自身的复杂性,一般很难获得方程的真解。因此,就需要通过数值方法把计算域内有限数量位置(网格节点或网格中心点)上的因变量值当作基本未知量来处理,从而建立一组关于这些未知量的代数方程组,然后通过求解代数方程组来得到这些节点值,而计算域内其他位置上的值则根据节点位置上的值来确定。偏微分方程定解问题的数值解法可以分为两个阶段:首先,用网格线将连续的计算域划分为有限离散点(网格节点)集,并选取适当的途径将微分方程及其定解条件转化为网格节点上相应的代数方程组,即建立离散方程组;然后,在计算机上求解离散方程组,得到节点上的解。节点之间的近似解,一般认为是光滑变化,原则上可以应用插值方法确定,从而得到定解问题在整个计算域上的近似解。这样,用变量的离散分布近似解代替了定解问题精确解的连续数据,这种方法被称为离散近似。可以预料,当网格节点很密时,离散方程的解将趋近于相应微分方程的精确解。

除了对空间域进行离散化处理外,对于瞬态问题,在时间坐标上也需要进行离散化处理,即将求解对象分解为若干时间步进行处理。网格是离散的基础,网格节点是离散化的物理量的存储位置,网格在离散过程中起着关键的作用。网格的形式和密度等对数值计算结果有着重要的影响。

不同的离散方法,对网格的要求和使用方式不一样。表面上看起来一样的网格布局,当采用不同的离散化方法时,网格和节点具有不同的含义和作用。例如,有限元法是将物理量存储在真实的网格节点上,将单元看成是由周边节点及形函数构成的统一体,而有限体积法往往将物理量存储在网格单元的中心点上,而将单元看成是围绕中心点的控制体积,或者在真实网格节点定义和存储物理量,而在节点周围构造控制体积。

由于所引入的应变量在节点之间的分布假设及推导离散化方程的方法不同,就形成了有限差分法、有限元法、有限元体积法等不同类型的离散化方法。在同一种离散化方法中,如在有限体积法中,对流项所采用的离散格式不同,也将导致最终有不同形式的离散方程。对于瞬态问题,除了在空间域上的离散外,还要涉及在时间域上的离散。离散后,将要涉及使用何种时间积分方案的问题。

1.6.6　给定求解参数

在离散空间上建立了离散化的代数方程组,并施加离散化的初始条件和边界条件后,还需要给定流体的物理参数和湍流模型的经验系数等。此外,还要给定迭代计算的控制精度、瞬态问题的时间步长和输出频率等。在 CFD 的理论中,这些参数并不值得去探讨和研究,但在实际计算时,它们对计算的精度和效率有着重要的影响。

控制方程中的扩散项一般采用中心差分格式离散,而对流项则可采用多种不同的格式进行离散。FLUENT 允许用户为对流项选择不同的离散格式(注意黏性项总是自动使用二阶精度的离散格式)。默认情况下,当使用分离式求解器时,所有方程中的对流项均用一阶迎风格式离散;当使用耦合式求解器时,流动方程使用二阶精度格式,其他方程使用一阶精度格式进行离散。此外,当使用分离式求解器时,用户还可为压力选择插值方式。

当流动与网格对齐时,如使用四边形或六面体网格模拟层流流动,使用一阶精度离散格式是可以接受的。但当流动斜穿网格线时,一阶精度格式将产生明显的离散误差(数值扩散)。因此,对于二维三角形及三维四面体网格,注意要使用二阶精度格式,特别对复杂流动更是如此。一般来讲,复杂流动在一阶精度格式下容易收敛,但精度较差。有时,为了加快计算速度,可先在一阶精度格式下计算,然后再转到二阶精度格式。如果使用二阶精度格式遇到难于收敛的情况,则可考虑改换一阶精度格式计算。

对于转动及有旋流的计算,在使用四边形及六面体网格时,具有三阶精度的 QUICK 格式可能产生比二阶精度更好的结果。但是一般情况下,用二阶精度就已足够,即使使用QUICK 格式,结果也不一定好。乘方格式(power-law scheme)一般产生与一阶精度格式相同精度的结果。中心差分格式一般只用于大涡模拟模型,而且要求网格很细。

欠松弛因子是分离式求解器所使用的一个加速收敛的参数,用于控制每个迭代步内所计算的场变量的更新。注意,除耦合方程之外的所有方程,包括耦合隐式求解器中的非耦合方程(如湍流方程),均有与之相关的欠松弛因子,FLUENT 为这些欠松弛因子提供了默认值,如压力、动量、k 和 ε 的默认欠松弛因子分别为 0.2、0.5、0.5 和 0.5。一般情况下,用户没有必要改变这些值。

但为了尽可能地加速收效,可在刚开始启动时,先用默认值,等迭代 5～10 次后,检查残差是增加还是减小,若残差增大,减小欠松弛因子的值;反之,则增大欠松弛因子的值。总之,在迭代过程中,需要通过观察残差变化来选择合适的欠松弛因子。注意,黏度和密度均作欠松弛处理。

1.6.7 求解离散方程

在进行了上述设置后,生成了具有定解条件的代数方程组。对于这些方程组,数学上已有相应的解法,如线性方程组可采用高斯消去法或高斯-赛德尔(Gauss-Seidel)迭代法求解,而对非线性方程组,可采用牛顿-拉弗森法(Newton-Raphson)。在商用 CFD 软件中往往提供多种不同的解法,以适应不同类型的问题。这部分内容,属于求解器设置的范畴。

在采用有限体积法离散计算区域后,所生成的对流-扩散问题的离散方程组,具有如下形式:

$$a_{\mathrm{p}}\varphi_{\mathrm{p}} = \sum a_{\mathrm{nb}}\varphi_{\mathrm{nb}} + b \qquad (1\text{-}52)$$

式中,φ_{p} 是控制体积 P 上的待求物理量,φ_{p} 可以是速度 u、v、w 或压力 p,还可以是温度 T 等;a_{p} 表示该节点或单元的离散对流-扩散系数;b 表示源项。每个未知量都对应一个方程总数为 N_{p} 的方程组(N_{p} 为系统中控制体积的总数)。一个二维的流体动力学问题往往至少要求解关于 u、v 和 p 三个方程组。

在结构网格上,与一维流动问题相对应的方程组是三对角方程组;在二维、三维问题中,对应的分别是五对角和七对角方程组(对应于一阶离散格式),而在非结构网格上,因为一个控制体积周围的相邻控制体积的数量不是固定的,因此,所生成的方程组不一定是严格的三对角、五对角和七对角形式的,可能个别方程中含有较多控制体积的节点未知量。在考虑代数方程组的解法时,应当考虑其系数矩阵的特点。

1.6.8 判断解的收敛性

对于稳态问题的解或是瞬态问题在某个特定时间步长的解,往往要通过多次迭代才能得到。有时,网格形式或网格大小、对流项的离散插值格式等可能导致解的发散。对于瞬态问题,若采用显式格式进行时间域上的积分,当时间步长过大时,也可能造成解的振荡或发散。因此,在迭代过程中,要随时对解的收敛性进行监视,并在系统达到指定精度后结束迭代过程。

这部分内容属于经验性的,需要针对不同情况进行分析。

第 2 章　数值方法的介绍

2.1　流体动力学问题的研究方法

正如第 1 章所述,从流体力学方程发明的一个多世纪以来,只有部分流动是可解的。已知的解决方案在帮助理解流体流动方面非常有用,但很少能直接用于工程分析或设计。工程设计中总是不得不使用其他方法。

最常见的方法是对方程进行简化。通常是基于近似和量纲分析的组合,几乎总是需要经验输入。例如,量纲分析表明,物体上的阻力可以表示为:

$$F_D = C_D S \rho v^2 \tag{2-1}$$

式中,S 为物体在流动中的正面面积;v 为流速;ρ 为流体密度;C_D 为阻力系数。它是其他无量纲参数的函数,是通过关联实验数据获得的。当系统可以用一个或两个参数来描述时,这种方法是非常有效的,但是不能用于复杂几何体(需要用多个参数来描述系统)。

对于许多流动问题,无量纲化是解析和数值求解 Navier-Stokes 方程的常见方法之一。通过引入适当的无量纲化参数和变量变换,可以将原始的 Navier-Stokes 方程组简化为无量纲形式,其中雷诺数(reynolds number)是唯一的独立参数。雷诺数是流体流动中惯性和黏性效应的比值,它描述了流动的稳定性和流态的转变。在很多情况下,雷诺数足以决定流体流动的特性。根据雷诺数的大小,流动可以分为层流(低雷诺数)和湍流(高雷诺数)等不同的状态。

由于无量纲化后的方程组不依赖于具体的流体和流动条件,在雷诺数相同的情况下,不同系统的流动行为可以进行比较和研究。如果物体形状保持不变,人们可以通过在具有该形状的比例模型上进行实验获得所需的结果。通过仔细选择流体和流动参数或通过雷诺数外推法获得所需的雷诺数,但后一种方法可能是不准确的。这些方法非常有价值,仍然是目前实际工程设计的主要方法。

还有一个问题就是,对于许多流动来说,可能需要几个无量纲的参数来确定流动参数,并且可能无法建立一个能够正确模拟实际流动状态的实验,例如飞机或船舶周围的气流。为了在较小的模型上获得相同的雷诺数,必须提高流体速度。对于飞机,如果使用相同的流体(空气),可能会导致马赫数过高。人们试图找到一种可以同时匹配雷诺数和弗劳德数的流体。但对于船舶,几乎是不可能同时匹配雷诺数和弗劳德数的。

在其他情况下,实验即使能建立,也是非常困难的。例如,测量设备可能干扰流动或流动无法接近(例如晶体生长装置中的液态硅流动)。有些数据用目前的技术根本无法测量,或者测量的精度达不到要求。

实验是测量所有参数(如阻力、升力、压降或传热系数)的有效手段。在许多情况下,实验的具体环节很重要,可能有必要知道是否发生流动分离,或者壁温是否超过某个极限。当技术改进和竞争需要更仔细地优化设计,或者当新的高科技应用需要对流动进行预测时,数据库是不够的,实验开发又成本过高或更耗时。这时,找到一个合理的替代方案至关重要。

随着电子计算机的诞生,一种替代方法或者说一种补充方法出现了。虽然偏微分方程数值解法的许多关键思想是在一个多世纪前建立起来的,但在计算机出现之前,它们几乎没有用处。自 20 世纪 50 年代以来,计算机的性能以惊人的速度增长,而且没有放缓的迹象。虽然 20 世纪 50 年代制造的第一台计算机每秒只能执行几百次运算,但现在机器的设计目标是每秒产生 10^{12} 次浮点运算。计算机存储数据的能力也有了显著的提高:以前只有超级计算机上才能找到容量为 10 千兆字节(10^{10} 字节或字符)的硬盘,但现在它们可以在每个人的计算机上找到。我们很难预测未来会发生什么,但价格合理的计算机的计算速度和内存肯定会进一步提高。

计算机可以使流体流动的研究更容易、更有效,这一点几乎毋庸置疑。当人们认识到计算机的“威力”时,他们对数字技术的兴趣就大大增加了。在计算机上求解流体力学方程已经变得如此重要,以至于它现在占据了流体力学研究人员大约三分之一的注意力,而且这一比例还在增加。这个领域被称为计算流体动力学(CFD),其中包含许多子专业。我们将只讨论一小部分用于求解描述流体流动和相关现象的方程的方法。

2.2　数值方法的可行性和局限性

在与实验工作相关的问题中,有一些在 CFD 中就很容易处理。例如,如果我们想在风洞中模拟移动汽车周围的气流,需要修正汽车模型并向其吹气,但地板必须以空气流速移动,这是很难做到的。但如果进行数值模拟,却并不困难。其他类型的边界条件,例如流体的温度或不透明性,在计算中很容易规定。如果我们精确地求解非定常三维 Navier-Stokes 方程(如湍流的直接模拟),就可以得到一个完整的数据集,从中可以推导出任何具有物理意义的量。

事实上,CFD 的这些优势是以能够精确求解 Navier-Stokes 方程为条件的,但这对于大多数工程中关注的流动来说是极其困难的。后文会说明为什么获得高雷诺数流动的 Navier-Stokes 方程的精确数值解如此困难。

当无法获得流体力学问题的精确解时,数值计算成为一种得到近似解的常用的方法。在进行数值计算时,确实会存在误差,这是以下几个方面的原因造成的:

(1)微分方程近似或理想化:在建立流体力学问题的数学模型时,为了简化问题或忽略一些细微的影响因素,可能会对微分方程进行近似或者理想化处理。这样的近似处理会引入误差,使得数值计算结果与实际情况存在差异。

(2)离散化过程中的近似:为了进行数值计算,连续的流体领域需要被离散化为离散的网格或单元。在离散化的过程中,我们需要选择离散点的位置、离散化方法和网格大小等参数。这些选择都会对计算结果产生影响,因为离散化过程本身也是近似的。

(3)求解离散化方程的迭代方法:对于大多数实际问题,我们往往依赖于迭代算法来求解离散化的方程组。迭代方法在每次迭代中逐步接近精确解,但通常不会达到完全精确。除非进行足够多次的迭代,否则计算结果仍然是近似的。

当精确地知道控制方程(例如不可压缩牛顿流体的 Navier-Stokes 方程)时,原则上可以获得任何精度的解。然而,对于许多现象(例如湍流、燃烧和多相流),要么精确的方程不可得,要么数值解不可得,这就需要引入模型。即使我们精确地解出这些方程,解也不能用于实际情况。为了验证模型,我们必须依靠实验数据。即使用于实际情况,也常常需要模型来降低成本。

通过使用更精确的插值或近似,或将近似应用于较小的区域,可以减少离散化误差,但这通常会增加获得解的时间和成本。通常需要采用折中的方法。后文将详细介绍一些方案,同时也将指出获得更精确的近似值的方法。

在求解离散化方程时也需要折中。获得精确解的直接解算器使用很少,因为它们成本太高。迭代方法更常见,但需要考虑由于过早停止迭代过程而产生的错误。

使用矢量、等高线或非恒定流的其他类型的绘图或视频对数值解进行可视化,无疑是解释计算产生的大量数据的最有效手段。然而,有一种可能是:错误的解决方案得到了看似正确的解,但其与实际边界条件、流体性质等是不符的。

2.3　离散化方法

2.3.1　有限差分法

有限差分法是最早使用的偏微分方程数值解法,据说是由欧拉(L. Euler)在 18 世纪提出的,也是用于计算简单几何图形的最简单的方法。

有限差分法依据的是微分形式的守恒方程。该方法将求解域划分为差分网格,在每个网格点,通过用函数节点值的近似值代替偏导数来近似微分方程。结果是每个网格节点有一个代数方程,且该节点和相邻节点处的变量值为未知数。

有限差分法原则上可以应用于任何类型的网格。然而,在作者已知的有限差分法的所有应用中,它仅应用于结构化网格,网格线作为局部坐标线。

泰勒级数展开或多项式拟合可用于获得变量相对于坐标的一阶导数和二阶导数的近似值。必要时,这些方法也可用于在网格节点以外的位置获取变量值(插值)。后面的章节会详细介绍最广泛使用的得到近似导数的有限差分法。

在处理结构化网格上,有限差分法非常简单有效。有限差分法特别容易在规则网格上获得高阶格式。有限差分法的缺点是,除非采取特别的注意措施,否则不能强制保护。此外,在复杂流动中计算简单几何形状的限制也是一个显著缺点。

2.3.2　有限体积法

有限体积法依据守恒方程的积分形式,将计算区域划分为一系列不重复的控制体,并使每个网格点周围有一个控制体,每个控制体的质心处都有一个计算节点,在该节点上计算变量值。界面的物理量要通过插值的方式由节点的物理量来表示,使用合适的求积公式近似表面积分和体积积分。因此,可以为每个控制体获得一个代数方程。

有限体积法可以应用于任何类型的网格,因此适用于复杂的几何体。网格仅定义控制体边界,与坐标系不相关。该方法是保守的结构,只要曲面积分(代表对流通量和扩散通量)

在共享边界的控制体之间是相同的,系统将保持守恒。

在有限体积法中,有一些需要近似的术语,可使问题的数值解析形式更易于处理,包括:

(1) 网格:将计算区域分割为离散的小单元。这是近似连续介质的一种方式。

(2) 体积平均:在有限体积法中,将物理量在每个网格单元内进行平均。这是将偏微分方程转化为差分方程的一种近似方法。

(3) 通量:通量是物理量通过网格边界的流动速率。在有限体积法中,通过计算通量来处理物理量在网格边界上的变化。

(4) 连续性方程:连续性方程是质量、动量或能量守恒方程的一种形式。在有限体积法中,这些方程被离散化并近似求解。

(5) 数值通量:数值通量是通过差分格式计算的通量。是通过物理量的平均值和梯度来近似表示。

(6) 散度:散度是描述矢量场的局部增长率的量。在有限体积法中,通过计算散度来处理通量的变化。

(7) 剩余项:在有限体积法中,由于近似的存在,会产生一些误差。这些误差被称为剩余项,通常用于分析方法的准确性和精度。

与有限差分法相比,有限体积法的缺点是,高于二阶的方法更难在 3D 中开发使用。这是因为有限体积法需要插值、微分和积分三个近似级别。后续将详细地描述有限体积法,这是本书中最常用的方法。

2.3.3 有限元法

有限元法与有限体积法在许多方面类似。它们都将计算域划分为一组离散体或有限元,这些离散体或有限元通常是非结构化的;在二维情况下,离散体通常是三角形或四边形,而在三维情况下,常用的是四面体或六面体。有限元法的一个显著特点是,在对整个区域进行积分之前,将方程乘以权函数。在最简单的有限元方法中,通过每个单元内的线性函数来近似解,以确保解在单元边界的连续性。这样的函数可以用单元节点的值来构建,通常具有相同的形式。

然后,将此近似值代入守恒定律的积分方程,并对单元区域进行积分,可以得到一个包含待定系数(即单元中各节点的参数值)的代数方程组。

有限元法的优点是可以灵活地处理各种类型的几何形状和边界条件,并且在高阶近似或复杂问题求解方面具有良好的适应性。它在结构力学、热传导、流体力学等领域具有广泛的应用。有大量文献致力于有限元法网格的构造,有限元法的网格很容易细化,每个单元也能被简单地细分。有限元法相对容易进行数学分析,并且可以证明对某些类型的方程具有最优性。使用非结构网格的任何方法都有一个主要缺点,即线性化方程的矩阵结构不如规则网格的矩阵结构好,因此更难找到有效的求解方法。有关有限元法及其在 Navier-Stokes 方程中的应用的更多详细信息,可参考 J.T.Oden 等的著作[11-16]。

基于控制体的有限元法(control volume finite element method,CVFEM)是一种混合方法,它将有限元法和有限体积法的思想结合在一起。在 CVFEM 中,我们仍然使用形状函数来描述单元上变量的变化。这些形状函数在单元内部定义,并用于近似解。然而,CVFEM 中的控制体不是按单元划分的,而是通过连接单元的质心来形成的。每个节点周围的控制体定义了离散化区域。类似于有限体积法,CVFEM 中的守恒方程也是以积分形式应用于控制体。这意味着守恒定律在每个控制体内进行积分,并且涉及控制体边界上的通量和源项。不同的是,这些通量和源项是按单元计算的,而不是按控制体计算的。

通过这种方式,CVFEM 将有限元方法的形状函数和单元划分与有限体积法的控制体和控制体边界上的积分结合在一起。这使得 CVFEM 能够更灵活地处理复杂的几何体,并提供更准确的数值解。

2.4　数值求解具体方法

2.4.1　数学模型的组成部分

任何数值方法的依据都是数学模型,即偏微分或微积分方程组和边界条件。前文介绍了用于流动计算的一些方程组。我们可以为目标应用选择合适的模型(不可压缩、非黏性、湍流、二维或三维等)。如前文所述,该模型可能包括精确守恒定律的简化。通常来说,一组特定的方程有一种专门的求解方法。人们试图建立一种通用的求解方法,即适用于所有流动的方法,但到目前为止也没有成功。

2.4.2　网格划分

计算变量的离散位置由数值网格定义,数值网格本质上是求解问题的几何域的离散表示。它将解域划分为有限数量的子域(元素、控制体等),以下是一些可用的选项。

(1) 结构网格

规则的或结构化的网格由网格线组成,其特性是单个格的格线不会相互交叉,而其他格的每个格线只能交叉一次,这就需要对给定集合的行进行连续编号。域内任何网格点(或控制体)的位置由一组两个(二维)或三个(三维)索引唯一标识,例如(i、j、k)。

结构网格是最简单的网格结构,因为它在逻辑上等同于笛卡尔网格。每个点在二维中有 4 个最近邻点,在三维中有 6 个最近邻点;点 P 的每个相邻点的一个指数(指数 i、j、k)相差 ±1。二维结构非正交网格示例见图 2-1。这种邻域连通性简化了编程,使代数方程组的矩阵具有规则的结构,可用于开发求解技术。事实上,大多数高效的求解器仅适用于结构网格。结构网格的缺点是只能用于几何简单的解域,并且比较难以控制网格点的分布。由于精度原因,点会集中在一个区域,而在解域的其他部分产生不必要的小间距,造成资源浪费。这个问题在三维模型中影响更大,长而薄的流体会被影响收敛情况。

结构网格可以是 H 形、O 形或 C 形,这些名称源自网格线的形状。图 2-1 显示了 H 形网格,当映射到矩形上时,该网格具有明显的东、西、北、南边界。图 2-2 显示了管道中圆柱体周围的流动的二维结构网格。图 2-3 显示了圆柱体周围的 O 形结构网格。在这种网格中,一组网格线是"无穷尽的"。如果将网格线视为坐标线,沿着圆柱体周围的坐标将不断增大。为了解决这个问题,对圆柱体进行了"切割",在该切割处,坐标从有限值跳到零。在切割处,网格可以"展开",但相邻点必须被视为内部网格点,这与 H 形网格边界处的处理不同。图 2-3 中外围的网格也是 H 形的,图中围绕水翼的网格为 C 形。在这种网格中,一条网格线上的点重合,需要引入一个类似于 O 形网格中的切口。这种网格通常用于具有锋利边缘的物体,这些物体的网格质量良好。

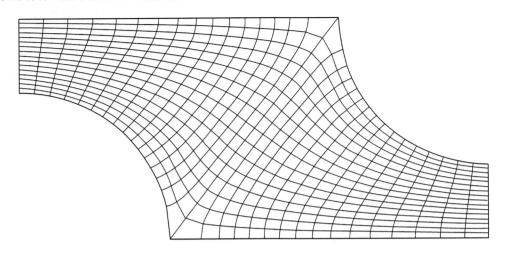

图 2-1　二维结构非正交网格示例(用于计算相似交叉管束中的流动)

（2）模块化结构网格

模块化结构网格中解域有两个(或更多)级别的细分。在粗层面上,有一些模块是该领域相对较大的部分,它们的结构可能不规则,可能重叠,也可能不重叠。在精细层面上,每个模块内都定义了一个结构网格。在模块化结构网格的界面处,需要进行特殊处理。这是因为不同模块的结构网格可能不对齐或不重叠。在模块界面处,需要建立连接、插值或映射的技术,以确保解在网格界面处的连续性。

图 2-2 是在模块界面处相连的二维结构网格,用于计算通道中圆柱体周围的流动,包含3 个模块。

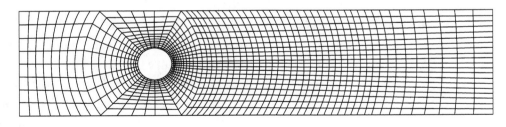

图 2-2　在界面处相连的二维结构网格示例(用于计算通道中圆柱体周围的流动)

图 2-3 是在模块界面处不相连的二维结构网格,用来计算水翼周围的水流。它由5 块精细程度不同的网格组成。这种网格比之前的网格更灵活,因为它允许在需要更高分辨率的区域使用更精细的网格。不相连的界面可以用完全保守的方式处理。相连的二维结构网格的编程比不相连的二维结构网格更困难。对于结构网格,求解器可以逐块应用,复杂的流域则可以用这些网格处理,局部细化可以按模块进行(例如网格可以在某些模块中细化)。

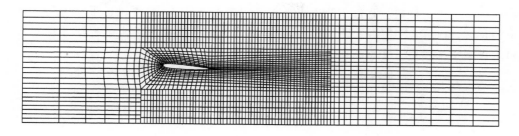

图 2-3 在界面处不相连的二维结构网格示例(用于计算水面下水翼周围的流动)

带有重叠块的模块化结构网格有时被称为复合网格或嵌合体网格,如图 2-4 所示。在重叠区域,通过插值另一个(重叠)模块的解,获得一个模块的边界条件。这种网格的缺点是在模块边界上不容易执行保护。这种方法的优点是更容易处理复杂的解域,并且可以用来跟踪移动的物体:一个模块附着在物体上并随之移动,而静止的网格覆盖了周围。这种类型的网格并不经常使用。

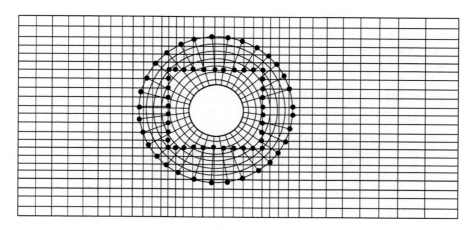

图 2-4 复合二维网格(用于计算通道中圆柱体周围的流动)

(3)非结构网格

对于非常复杂的几何体,最合适的网格类型是能够适应任意解域边界的网格。这种网格类型可以用于各种离散化方法,但最常用的是有限体积法和有限元法。非结构网格允许单元或控制体具有任意形状,并且没有对相邻单元或节点数量的限制。

实际上,最常见的非结构网格类型是二维三角形或四边形网格,以及三维四面体或六面体网格。这些网格可以通过现有算法自动生成。非结构网格具有以下优点:网格可以进行局部细化;网格的正交性和纵横比易于控制;网格可以在需要时局部细化。这种适应性优势弥补了非结构网格的不规则性。

非结构网格通常用于有限元法,并且在有限体积法中也越来越常见。非结构网格的计算机代码更加灵活,因为当网格需要进行局部细化或使用不同形状的单元或控制体时,不需要更改网格的数据结构。

然而,生成和预处理非结构网格通常更具挑战性。需要明确地指定节点位置和邻居连接。非结构网格的代数方程组矩阵不再具有规则的对角结构,需要通过重新排列节点来减少范围宽度,这可能会导致一些计算上的性能损失。代数方程组的求解程序计算起来可能相对于规则网格较慢。非结构网格的示例如图 2-5 所示。

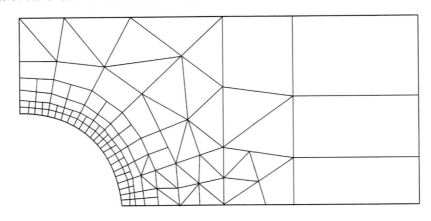

图 2-5　二维非结构网格示例

2.4.3　求解方法

离散化过程会产生一个大的非线性代数方程组。解决这个问题的方法取决于具体问题的性质。对于非定常流问题,常常使用基于时间推进的常微分方程初值问题的方法。在每一个时间步长上都需要解决一个椭圆问题。对于定常流问题,通常采用伪时间推进法或等效迭代法进行求解。由于方程是非线性的,所以采用迭代格式来求解。这些方法使用方程的逐次线性化,从而得到一个线性系统,通常通过迭代技术进行求解。

2.4.4　收敛准则

最后,我们需要确定迭代方法的收敛标准。通常,迭代过程包括两个级别:内部迭代,用于求解线性方程;外部迭代,用于处理方程的非线性和耦合关系。为了确保准确性和效率,决定何时停止每个级别上的迭代过程至关重要。因此,我们需要仔细考虑并设置合适的停止条件。

2.5　数值求解方法的性质

数值求解方法具有一定的特性,但往往难以获得完全的解析解。通常情况下,我们需要分析该方法的组成部分,如果这些组成部分不具备所需的属性,那么整个方法也将无法满足要求,但反过来也不一定成立。下面是对其中最重要的几个属性的总结。我们需要明确这些特性,并加以考虑。

2.5.1　一致性

随着网格间距趋于零,离散化会更精确。离散方程和精确方程之间的差异被称为截断误差,通常通过将离散近似中的所有节点值替换为某个单个点的泰勒级数展开来估计,得到的结果是原始微分方程加上一个余数,即截断误差。为了使方法具有一致性,当网格间距 $\Delta t \to 0$ 或 $\Delta x_i \to 0$ 时,截断误差必须为零。截断误差通常与网格间距 Δx_i 或时间步长 Δt 的幂成正比。如果最重要的项与 $(\Delta x)^n$ 或 $(\Delta t)^n$ 成比例,我们称这种方法为 n 阶近似;$n > 0$ 是一致性所必需的条件。在理想情况下,所有项都应使用相同精度的近似值进行离散,然而,某些项(如高雷诺数流动中的对流项或低雷诺数流动中的扩散项)可能在特定流动中占主导地位,因此可以比其他项更精确地处理它们。

某些离散化方法会产生截断误差,例如 Δx_i 和 Δt 之比或 Δt 和 Δx_i 之比的函数。在这种情况下,一致性要求只能有条件地满足:Δx_i 和 Δt 必须以一种允许适当比率趋于零的方式来减少。在接下来的章节中,将演示几种离散化方法的一致性。

即使近似值是一致的,也不一定意味着离散方程组的解在小步长的限制下就是微分方程的精确解。要达到这一点,解法必须具有稳定性。

2.5.2　稳定性

稳定性是数值解法中一个非常重要的性质。一个稳定的数值解法不会放大解析过程中出现的误差,这意味着它能够产生有界的解。对于时间相关的问题,稳定性保证了当精确方程的解有界时,该方法产生有界解。对于迭代方法,稳定性是保证不发散。稳定性的研究是一项具有挑战性的任务,尤其是存在边界条件和非线性时。因此,通常会对无边界条件、常系数和线性问题的数值方法进行研究。这是因为这些问题相对较简单,稳定性的分析和证明相对容易。

因此,稳定性分析仅提供了一个初步的参考,在选择数值方法时,还需要考虑其他因素,如精度、收敛性、计算代价等。在实际应用中,一般会进行更全面的数值实验和比较,以评估数值方法的性能和适用范围。研究数值解法稳定性最广泛使用的方法是冯·诺依曼法。本书中描述的大多数解法已经过稳定性分析,在描述每个解法时,会有详细说明。然而,在求解具有复杂边界条件的复杂非线性耦合方程时,可用的稳定性解法很少,因此需要依靠经验和直觉。许多解法要求时间步长小于某个极限,或者使用欠松弛的时间步长。后文将讨论这些问题,并给出选择时间步长和欠松弛参数值的指导原则。

2.5.3　收敛性

当网格间距趋于零时,如果离散化方程的解近似于微分方程的精确解,则称数值方法收敛。对于线性初值问题,Lax 等价定理指出[17],"给出一个合适的线性初值问题及其满足一致性条件的有限差分逼近,稳定性是收敛的充分必要条件"。显然,除非解法收敛,否则一致性数值解法是不可用的。

对于受边界条件影响较大的非线性问题,很难证明数值方法的稳定性和收敛性。因此,通常使用数值实验来检查收敛性,即在一系列连续精细化的网格上重复计算。如果该方法是稳定的,并且在离散过程中使用的所有近似都是一致的,那么该解确实会收敛到一个独立于网格的解。对于足够小的网格尺寸,收敛速度取决于主截断误差分量的阶数。据此能够估计解法中的误差大小。

2.5.4　计算精度

流体流动和传热问题的数值解只是近似解。除了在求解算法的开发过程中,在编程或设置边界条件时可能产生的误差外,数值解通常包括 3 种系统误差:

(1) 模型误差:定义为实际问题与数学模型之间的差异;

(2) 离散误差:定义为守恒方程的精确解与通过离散化这些方程得到的代数方程组的精确解之间的差异;

(3) 迭代误差:定义为代数方程组的迭代解和精确解之间的差异。

迭代误差又被称为收敛误差。然而,解的收敛不仅与迭代方法中的误差减少相关,而且经常与数值解向网格无关解的收敛有关,在这种情况下,它与离散化误差密切相关。为了避免混淆,我们需要保持对迭代误差的定义,在讨论收敛问题时,一定要指出讨论的是哪一种类型的收敛。

意识到这些误差的存在是很重要的,但更重要的是要努力将它们区别开来。各种误差可能会相互抵消,因此,有时在粗网格上获得的解可能比在细网格上获得的解更符合实验结果——根据定义,细网格上的解应该更准确。

模型误差取决于推导变量传输方程时所做的假设。当研究层流时,模型误差可以忽略不计,因为 Navier-Stokes 方程代表了足够精确的流动模型。然而,对于湍流、两相流、燃烧等,模型误差可能非常大——模型方程的精确解可能在性质上是错误的。通过简化解域的几何结构、简化边界条件等,也会产生模型误差。这些误差是事先未知的;它们只能通过将离散误差和收敛误差可以忽略的解与精确的实验数据或通过更精确的模型得到的数据(例如来自湍流的直接模拟数据等)进行比较来评估。在对物理模型(如湍流模型)进行判断之前,必须控制和估计收敛误差和离散误差。

前文提到过,离散化近似产生的误差会随着网格的细化而减小,并且近似的阶数是精度的度量。然而,在给定的网格上,相同阶数的方法可能会产生相差一个数量级的解误差。这是因为命令只告诉我们误差随网格间距减小而减小的速率——它没有给出单个网格上的误差。后文会展示如何估计离散化误差。

迭代方法中的误差通常更容易控制,因为我们可以通过增加迭代次数来减小误差。迭代方法是一种逐步逼近真实解的过程,每一步都可以对解进行改进。

对于众多的数值解法,CFD 代码的开发人员可能很难决定采用哪种方法。但最终目标是以最少的工作量获得所需的精度或以可用的资源获得最大的精度。每次描述一个特定的方法时,需要指出它相对于这些标准的优点或缺点。

第 3 章　方程求解方法的介绍

3.1　有限体积法

有限体积法是通过网格将求解域细分为有限数量的小控制体（CV），与有限差分法不同，网格定义的是控制体边界，而不是计算节点。为了简单起见，我们将使用笛卡尔网格来演示这种方法。

$$\int_S \rho \varphi \boldsymbol{v} \cdot \boldsymbol{n}\, \mathrm{d}S = \int_S \Gamma \mathrm{grad}\varphi \cdot \boldsymbol{n}\, \mathrm{d}S + \int_\Omega q_\varphi \mathrm{d}\Omega \tag{3-1}$$

通常的方法是通过一个合适的网格定义 CV，并将计算节点分配给 CV 中心。然而，我们也可以（对于结构化网格）先定义节点位置，然后在它们周围构造 CV，这样 CV 面就位于节点之间（图 3-1），应用边界条件的节点在图 3-1 中以实心圆表示。

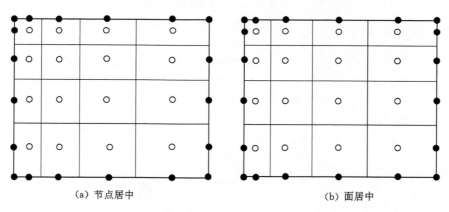

(a) 节点居中　　　　　　　　　　　(b) 面居中

图 3-1　有限体积网格的形式

第一种方法的优点是节点值代表 CV 体积的平均值，比第二种方法精度更高（二阶），因为节点位于 CV 的质心。第二种方法的优点是当 CV 面位于两个节点之间时，CV 面导数的中心差分（CDS）近似更准确。第一种方法使用得更频繁，本书也只介绍此方法。该方法中所有变量的离散原则都是相同的——只需要考虑积分体积内不同位置之间的关系。

积分守恒方程（3-1）适用于每个 CV，也适用于整个求解域。如果我们对所有 CV 求和，我们得到全局守恒方程，因为 CV 内面的表面积分抵消了。因此，该方法保证了全局的守恒性，这是它的主要优点之一。

为了得到特定 CV 的代数方程，需要用求积公式来逼近曲面积分和体积积分。根据使用的近似，得到的方程可以是有限差分（FD）等方法得到的。

3.1.1 曲面近似分析法

图 3-2 和图 3-3 展示了典型的二维和三维笛卡尔控制体积以及我们将使用的符号被展示出来。CV 面由 4 个(二维)或 6 个(三维)平面组成,对应于中心节点 P 的方向用小写字母(e,w,n,s,t,b)表示。二维情况可以看作是三维情况的一种特例,其中因变量与 z 无关。在本章中,我们将主要介绍二维问题,将其扩展到三维问题是很简单的。

图 3-2 中,WW,NW,N,NE,EE,SE,S,SW 指的是方位西,西北,北,东北,东,东南,南,西南;x,y 指的是坐标;$\Delta x,\Delta y$ 为 P 点在 x 方向和 y 方向的移动变量;阴影部分是我们所研究的控制体。

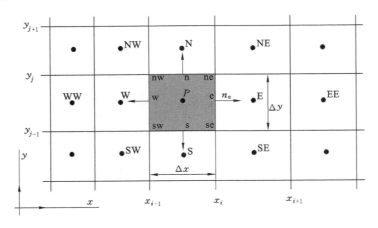

图 3-2　用于笛卡尔二维网格的一种典型的 CV 和符号标记

图 3-3 中 W,N,S,W,T,B 指的是方向西,北,南,东,顶部,底部;Δz 是指所研究点在 z 方向的移动变量。

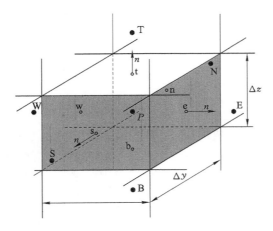

图 3-3　用于笛卡尔三维网格的一种典型的 CV 和符号标记

通过 CV 边界的净通量是 4 个(二维)或 6 个(三维)CV 面上的积分之和:

$$\int_S f \, \mathrm{d}S = \sum_k \int_{S_k} f \, \mathrm{d}S \tag{3-2}$$

式中，S 表示整个求解域；f 是对流项或扩散项在控制容积面法线方向的通量；$\int_S f \, \mathrm{d}S$ 表示在整个求解域 S 上对函数 f 进行积分。当速度场和流体性质被假定时，只有 φ 是未知的，φ 代表要求解的主要变量，可以是温度、压力、浓度等。

接下来，我们只考虑一个典型的 CV 面，即图 3-2 中标记为"e"的 CV 面；通过适当的替换，可以导出所有面的类似表达式。

为了准确地计算式(3-2)中的曲面积分，需要知道面 S_e 上每一处的被积函数 f。这个信息是不知道的，因为只有节点（CV 中心）的值被计算了，所以必须引入一个近似值。这最好使用两级近似来完成。

积分是用单元格表面上一个或多个位置上的变量值来近似的。单元面的值以控制容积中心节点的值近似。

对积分最简单的近似是中点原则：积分近似为被积函数在网格单元面中心（它本身是表面上的平均值的近似）和网格单元面面积的乘积：

$$F_e = \int_{S_e} = f \, \mathrm{d}S = \overline{f}_e S_e \approx f_e S_e \tag{3-3}$$

式中，F_e 表示对控制体面 S_e 的积分；$\overline{f}_e$ 表示在网格单元面中心的被积函数的近似值；S_e 表示网格单元面的面积。

如果 f 在"e"位置的值已知，这个积分的近似具有二阶精度。

由于 f 的值在单元格面中心"e"不可用，它必须通过插值获得。为了保持二阶精度的中点原则，曲面积分的近似值必须至少有二阶计算精度。

二维曲面积分的另一个二阶近似是梯形法则：

$$F_e = \int_{S_e} = f \, \mathrm{d}S \approx \frac{S_e}{2}(f_{ne} + f_{se}) \tag{3-4}$$

式中，F_e 表示对控制体面 S_e 的积分；f_{ne} 表示网格单元面北侧端点的被积函数的值；f_{se} 表示网格单元面南侧端点的被积函数的值。

在这种情况下，我们需要估计 CV 角的通量。

对于表面积分的高阶近似，通量必须在两个以上的位置计算。四阶近似是辛普森法则，它估计 S_e 上的积分为：

$$F_e = \int_{S_e} = f \, \mathrm{d}S \approx \frac{S_e}{6}(f_{ne} + 4f_e + f_{se}) \tag{3-5}$$

这里 f 的值需要在三个位置确定：单元格面中心"e"和角"ne"、角"se"。为了保持四阶精度，这些值必须通过节点值的插值获得，其精度至少与辛普森法则一样。

如果假设 f 的变化具有某种特定的简单形状（例如一个插值多项式），积分就很容易。近似的精度取决于型函数的次数。

3.1.2　体积积分近似法

传输方程中的一些项需要对 CV 的体积进行积分。最简单的二阶精确逼近方法是用被积体的均值与 CV 体积的乘积代替体积积分，将体积积分近似为 CV 中心处的值：

$$Q_P = \int_\Omega q \, \mathrm{d}\Omega = \overline{q} \Delta\Omega \approx q_P \Delta\Omega \qquad (3\text{-}6)$$

式中，q_P 表示 q 在 CV 中心的值，这个量很容易计算。由于所有变量都在节点 P 处可用，因此不需要进行插值。如果 q 是常数或在 CV 内线性变化，上述近似就变得精确；否则，它包含一个二阶误差，很容易显示出来。

高阶近似要求 q 在更多位置的值，而不仅仅是中心处的。这些值必须通过插值节点值或等效地使用形状函数来获得。

在二维问题中，体积积分变成面积积分。利用双二次型函数可以得到四阶近似：

$$q(x,y) = a_0 + a_1 x + a_2 y + a_3 x^2 + a_4 y^2 + a_5 xy + a_6 x^2 y + a_7 xy^2 + a_8 x^2 y^2 \quad (3\text{-}7)$$

这 9 个系数是通过将函数拟合到 9 个位置（"nw"，"w"，"sw"，"n"，"P"，"s"，"ne"，"e"和"se"，图 3-2）的 q 值得到的，然后可以求积分值。在二维积分中（对于笛卡儿网格）：

$$Q_P = \int_\Omega q \, \mathrm{d}\Omega \approx \Delta x \Delta y \left[a_0 + \frac{a_3}{12}(\Delta x)^2 + \frac{a_4}{12}(\Delta y)^2 + \frac{a_8}{144}(\Delta x)^2 (\Delta y)^2 \right] \qquad (3\text{-}8)$$

式中，Q_P 代表曲面积分的结果；Ω 表示曲面的区域；$q\mathrm{d}\Omega$ 表示曲面上的量；Δx 和 Δy 代表曲面上的格点间距；a_0、a_3、a_4 和 a_8 是系数。

只需要确定 4 个系数，但它们依赖于上面列出的所有 9 个位置的 q 值。在一个统一的笛卡尔网格上，我们得到：

$$Q_P = \frac{\Delta x \Delta y}{36} (16 q_P + 4 q_s + 4 q_n + 4 q_w + 4 q_e + q_{se} + q_{sw} + q_{ne} + q_{nw}) \qquad (3\text{-}9)$$

式中，q_P、q_s、q_n、q_w、q_e、q_{se}、q_{sw}、q_{ne} 和 q_{nw} 分别表示曲面上不同位置处的量。

由于只有 P 处的值可用，所以必须使用插值来获得其他位置的 q 值。它至少要达到四阶精度才能保持积分近似的精度。

上述二维体积积分的四阶近似可用于对三维表面积分的近似。三维问题中体积积分的高阶近似更为复杂，但可以使用相同的方法得到。

3.1.3　差值与微分结合法

积分的近似值要求变量在计算节点以外的位置（CV 中心）的值。被积函数（在前几节中用 f 表示），涉及几个变量和或这些位置的变量梯度的乘积：$f^c = \rho \varphi v \cdot n$ 为对流通量（其中 ρ 为流体的密度，用于描述单位体积中所含物质的数量；φ 为主要变量，可以是温度、压力、浓度等；v 为流体的速度向量；n 为单位法向量，表示控制体的外法线方向），$f^d = \Gamma \mathrm{grad}\varphi \cdot n$ 为扩散通量（其中 Γ 为扩散系数，描述物质扩散的快慢程度；$\mathrm{grad}\varphi$ 为主要变量 φ 的梯度，表示在空间中 φ 变化的速率）。我们假设速度场和流体性质 ρ 和 Γ 在所有位置都是已知的。为了计算对流通量和扩散通量，需要 CV 表面一个或多个位置上 φ 的值及其垂直于单元表面的梯度。源项的体积积分也可能需要这些值，它们必须用插值的节点值来表示，有很多可能性。我们将提到一些最常用的方法。特别地，我们将说明 φ 的值及其在单元面"e"处的法向导数是如何近似的。

3.2　一阶导数近似方法

式(3-1)中对流项的离散化需要一阶导数 $\partial(\rho v \varphi)/\partial x$ 的近似。现在我们将描述一些逼

近通用变量 φ 的一阶导数的方法,这些方法可应用于得到任何量的一阶导数的近似值。

前一节,提出了推导一阶导数近似值的一种方法。还有更系统的方法适合于推导更精确的近似,其中一些将在后文进行描述。

3.2.1　泰勒级数展开

任意连续可微函数 $\varphi(x)$ 在 x_i 附近都可以表示为泰勒级数:

$$\varphi(x) = \varphi(x_i) + (x - x_i)\left(\frac{\partial \varphi}{\partial x}\right)_i + \frac{(x - x_i)^2}{2!}\left(\frac{\partial^2 \varphi}{\partial x^2}\right)_i +$$

$$\frac{(x - x_i)^3}{3!}\left(\frac{\partial^3 \varphi}{\partial x^3}\right)_i + \cdots + \frac{(x - x_i)^n}{n!}\left(\frac{\partial^n \varphi}{\partial x^n}\right)_i + H \tag{3-10}$$

其中 H 表示"高阶项"。通过在这个方程中用 x_{i+1} 或 x_{i-1} 替换 x,我们可以得到这些点上的变量值的表达式,用变量及其在 x_i 处的导数表示。这可以推广到靠近 x_{i+2} 和 x_{i-2} 的任何其他点上。

利用这些展开式,可以得到点 x_i 的一阶导数和高阶导数在相邻点的函数值的近似表达式。例如,使用式(3-10),φ 在 x_{i+1} 处时,我们可以证明:

$$\left(\frac{\partial \varphi}{\partial x}\right)_i = \frac{\varphi_{i+1} - \varphi_i}{x_{i+1} - x_i} - \frac{x_{i+1} - x_i}{2}\left(\frac{\partial^2 \varphi}{\partial x^2}\right)_i - \frac{(x_{i+1} - x_i)^2}{6}\left(\frac{\partial^3 \varphi}{\partial x^3}\right)_i + H \tag{3-11}$$

可以使用式（3-10）得到 φ 在 x_{i-1} 的级数表达式:

$$\left(\frac{\partial \varphi}{\partial x}\right)_i = \frac{\varphi_i - \varphi_{i-1}}{x_i - x_{i-1}} + \frac{x_i - x_{i-1}}{2}\left(\frac{\partial^2 \varphi}{\partial x^2}\right)_i - \frac{(x_i - x_{i-1})^2}{6}\left(\frac{\partial^3 \varphi}{\partial x^3}\right)_i + H \tag{3-12}$$

还有一种表达方式可以同时在 x_{i+1} 和 x_{i-1} 应用式(3-10)获得:

$$\left(\frac{\partial \varphi}{\partial x}\right)_i = \frac{\varphi_{i+1} - \varphi_{i-1}}{x_{i+1} - x_{i-1}} - \frac{(x_{i+1} - x_i)^2 - (x_i - x_{i-1})^2}{2(x_{i+1} - x_{i-1})}\left(\frac{\partial^2 \varphi}{\partial x^2}\right)_i -$$

$$\frac{(x_{i+1} - x_i)^3 + (x_i - x_{i-1})}{6(x_{i+1} - x_{i-1})}\left(\frac{\partial^3 \varphi}{\partial x^3}\right)_i + H \tag{3-13}$$

如果右边的所有项都保留,这 3 个表达式都是精确的。然而,若网格节点之间的距离较小,则高阶项将是较小的值,那么函数 φ 的一阶导数可以近似等于其泰勒展开级数的第一项。

$$\left(\frac{\partial \varphi}{\partial x}\right)_i \approx \frac{\varphi_{i+1} - \varphi_i}{x_{i+1} - x_i} \tag{3-14}$$

$$\left(\frac{\partial \varphi}{\partial x}\right)_i \approx \frac{\varphi_i - \varphi_{i-1}}{x_i - x_{i-1}} \tag{3-15}$$

$$\left(\frac{\partial \varphi}{\partial x}\right)_i \approx \frac{\varphi_{i+1} - \varphi_{i-1}}{x_{i+1} - x_{i-1}} \tag{3-16}$$

式(3-14)～式(3-16)分别是向前差分格式(FDS)、向后差分格式(BDS)、中心差分格式(CDS)。等号右边被省略的项被称为"截断误差"。随着节点间距的减小,误差也随之减小。第一个截断项通常是误差的主要来源。

截断误差是节点间距的幂次与点 $x = x_i$ 处的高阶导数的乘积之和:

$$\epsilon_\tau = (\Delta x)^m \alpha_{m+1} + (\Delta x)^{m+1} \alpha_{m+2} + \cdots + (\Delta x)^n \alpha_{n+1} \tag{3-17}$$

式中,Δx 是节点之间的间距(假设目前节点间距离都相等);$\alpha's$ 是高阶导数乘以常数因子。

3.2.2　多项式拟合

另一种获得导数近似值的方法是将函数拟合到插值曲线上,并对曲线进行微分。例如,如果使用分段线性插值,则根据参考点是在待求导数点 x_i 的左边还是右边,获得 FDS 或 BDS 近似。

将点 x_{i-1}, x_i, x_{i+1} 的数据拟合成抛物线,并由插值表达式计算函数在点 x_i 的一阶导数,得到:

$$\left(\frac{\partial \varphi}{\partial x}\right)_i = \frac{\varphi_{i+1}(\Delta x_i)^2 - \varphi_{i-1}(\Delta x_{i+1})^2 + \varphi_i[(\Delta x_{i+1})^2 - (\Delta x_i)^2]}{\Delta x_{i+1}\Delta x_i(\Delta x_i + \Delta x_{i+1})} \tag{3-18}$$

其中 $\Delta x_i = x_i - x_{i-1}$。该近似在任何网格上都存在二阶截断误差,与上述用泰勒级数法得到的二阶近似相同。对于均匀间距,它简化为上面给出的 CDS 近似。

其他多项式、样条曲线等可以用来插值,然后作为导数的近似值。一般来说,一阶导数的近似具有截断误差的阶数与用于近似函数的多项式的阶数相同。我们在一个均匀网格上给出以下通过拟合一个三次多项式到 4 个点得到的两个三阶近似,以及通过拟合一个四阶多项式得到 5 个点的一个四阶近似。

$$\left(\frac{\partial \varphi}{\partial x}\right)_i = \frac{2\varphi_{i+1} + 3\varphi_i - 6\varphi_{i-1} + \varphi_{i-2}}{6\Delta x} + O[(\Delta x)^3] \tag{3-19}$$

$$\left(\frac{\partial \varphi}{\partial x}\right)_i = \frac{-\varphi_{i+2} + 6\varphi_{i+1} - 3\varphi_i - 2\varphi_{i-1}}{6\Delta x} + O[(\Delta x)^3] \tag{3-20}$$

$$\left(\frac{\partial \varphi}{\partial x}\right)_i = \frac{-\varphi_{i+2} + 8\varphi_{i+1} - 8\varphi_{i-1} + \varphi_{i-2}}{12\Delta x} + O[(\Delta x)^4] \tag{3-21}$$

式(3-19)～式(3-21)近似分别为三阶向后差分格式(BDS)、三阶向前差分格式(FDS)和四阶中心差分格式(CDS)。在非均匀网格上,上述公式中的系数为网格扩大比例的函数。

在向前差分格式(FDS)和向后差分格式(BDS)中,对近似的主要贡献来自一边。在对流问题中,当局部流动从节点 x_{i-1} 到 x_i 时,采用 BDS;当流动方向相反时采用 FDS。这种方法被称为迎风格式(UDS)。一阶迎风格式非常不准确,它们的截断误差具有虚假扩散。高阶迎风格式更精确,但通常使用更高阶的中心差分格式(CDS),因为不需要检查流动方向。

这里只演示了一维多项式的拟合。类似的方法可以与任何类型的型函数或插值在一维、二维或三维问题中一起使用。唯一的限制是用于计算型函数系数的网格节点的数量必须等于可用系数的数量。当使用不规则网格时,这种方法很有吸引力,因为它可以避免使用坐标转换。

3.3　二阶导数近似方法

二阶导数出现在通用控制方程的扩散项。对函数在一点上二阶导数的估计,可以通过对其一阶导数再次求导来近似。当流体物性可变时,这是唯一可能的方法,因为我们需要对扩散系数和一阶导数的乘积求一阶导数。接下来我们讨论二阶导数的近似。

几何上,二阶导数表示一阶导数曲线的切线的斜率。

$$\left(\frac{\partial^2 \varphi}{\partial x^2}\right)_i \approx \frac{\left(\frac{\partial \varphi}{\partial x}\right)_{i+1} - \left(\frac{\partial \varphi}{\partial x}\right)_i}{x_{i+1} - x_i} \tag{3-22}$$

式(3-22)中,外导数通过向前差分格式(FDS)得到。对于内导数,可以使用不同的近似方法,例如向后差分格式(BDS),将得到下面的表达式:

$$\left(\frac{\partial^2 \varphi}{\partial x^2}\right)_i \approx \frac{\varphi_{i+1}(x_i - x_{i-1}) + \varphi_{i-1}(x_{i+1} - x_i) - \varphi_i(x_{i+1} - x_{i-1})}{(x_{i+1} - x_i)^2 (x_i - x_{i-1})} \tag{3-23}$$

也可以使用中心差分格式(CDS),但需要知道函数在 x_{i-1} 和 x_{i+1} 的一阶导数。一个更好的选择是估计 $\partial \varphi / \partial x$ 在 x_i 和 x_{i+1} 的中间点及 x_i 和 x_{i-1} 的中间点的值。这些一阶导数的中心差分近似表达式为:

$$\left(\frac{\partial \varphi}{\partial x}\right)_{i+\frac{1}{2}} \approx \frac{\varphi_{i+1} - \varphi_i}{x_{i+1} - x_i} \tag{3-24}$$

$$\left(\frac{\partial \varphi}{\partial x}\right)_{i-\frac{1}{2}} \approx \frac{\varphi_i - \varphi_{i-1}}{x_i - x_{i-1}} \tag{3-25}$$

对应的二阶导数的表达式为:

$$\left(\frac{\partial^2 \varphi}{\partial x^2}\right)_i \approx \frac{\left(\frac{\partial \varphi}{\partial x}\right)_{i+\frac{1}{2}} - \left(\frac{\partial \varphi}{\partial x}\right)_{i-\frac{1}{2}}}{\frac{1}{2}(x_{i+1} - x_{i-1})}$$
$$\approx \frac{\varphi_{i+1}(x_i - x_{i-1}) + \varphi_{i-1}(x_{i+1} - x_i) - \varphi_i(x_{i+1} - x_{i-1})}{\frac{1}{2}(x_{i+1} - x_{i-1})(x_{i+1} - x_i)(x_i - x_{i-1})} \tag{3-26}$$

对于等间距节点,式(3-23)和式(3-26)变为:

$$\left(\frac{\partial^2 \varphi}{\partial x^2}\right)_i \approx \frac{\varphi_{i+1} + \varphi_{i-1} - 2\varphi_i}{(\Delta x)^2} \tag{3-27}$$

泰勒级数展开式提供了另一种近似求解二阶导数的方法。使用上面给出的在 x_{i-1} 和 x_{i+1} 的级数,我们可以重新得到式(3-23)的包含误差的显式表达式:

$$\left(\frac{\partial^2 \varphi}{\partial x^2}\right)_i = \frac{\varphi_{i+1}(x_i - x_{i-1}) + \varphi_{i-1}(x_{i+1} - x_i) - \varphi_i(x_{i+1} - x_{i-1})}{\frac{1}{2}(x_{i+1} - x_{i-1})(x_{i+1} - x_i)(x_i - x_{i-1})} -$$
$$\frac{(x_{i+1} - x_i) - (x_i - x_{i-1})}{3}\left(\frac{\partial^3 \varphi}{\partial x^3}\right)_i + H \tag{3-28}$$

占主导地位的截断误差项是一阶的,但当节点间距均匀时,该误差项消失,使二阶导数的近似值精确。然而,上述论证表明,即使网格是非均匀的,当网格细化时,截断误差也会以二阶方式减少。二阶导数的高阶近似可以通过包含更多的数据点得到,比如点 x_{i-2} 或 x_{i+2}。

最后,可以使用插值法通过 $n+1$ 个数据点拟合一个 n 次多项式。通过微分获得直到 n 阶导数的近似值。利用三点间的二次插值可以得到上述公式。

一般而言,二阶导数近似值的截断误差为插值多项式的次数减 1。当间距均匀且使用偶数阶多项式时,得到一阶截断误差。例如,在均匀网格上通过 5 个点拟合得到四次多项式可以得到一个四阶近似值:

$$\left(\frac{\partial^2 \varphi}{\partial x^2}\right)_i = \frac{-\varphi_{i+2} + 16\varphi_{i+1} - 30\varphi_i + 16\varphi_{i-1} - \varphi_{i-2}}{12(\Delta x)^2} + O[(\Delta x)^4] \tag{3-29}$$

我们也可以使用二阶导数的近似来增加一阶导数近似的准确性。例如,对于一阶导数,使用向前差分表达式,只保留等式右边的两项;二阶导数使用中心差分表达式,得到下面的二阶导数差分表达式:

$$\left(\frac{\partial \varphi}{\partial x}\right)_i \approx \frac{\varphi_{i+1}(\Delta x_i)^2 - \varphi_{i-1}(\Delta x_{i+1})^2 + \varphi_i[(\Delta x_{i+1})^2 - (\Delta x_i)^2]}{\Delta x_{i+1}\Delta x_i(\Delta x_i + \Delta x_{i+1})} \tag{3-30}$$

该差分表达式在任意网格上都具有二阶截断误差,并可归结为均匀网格上一阶导数的标准中心差分表达式。以类似的方式,我们可以通过消除差分表达式中的主要截断误差项来提升近似的精确性。高阶近似总是包含更多的节点,有更复杂的方程需要求解以及更复杂的边界条件需要处理。二阶差分近似在工程应用中通常能很好地结合易用性、准确性和计算成本。三阶差分方法和四阶差分方法对给定数量的点在网格足够细的情况下,具有较高的精度,但使用难度较大。高阶差分方法只在一些特殊情况下使用。

对于守恒型通用控制方程中的扩散项,必须对内一阶导数 $\partial \varphi / \partial x$ 进行差分,再乘以 Γ,然后再对乘积进行差分近似。内导数和外导数不需要使用相同的差分方式近似。

最常用的差分近似方法是二阶差分近似和中心差分近似,内导数在节点中间的位置进行近似,使用网格尺寸 Δx 进行中心差分。

可得到:

$$\begin{aligned}
\left[\frac{\partial}{\partial x}\left(\Gamma \frac{\partial \varphi}{\partial x}\right)\right]_i &\approx \frac{\left(\Gamma \frac{\partial \varphi}{\partial x}\right)_{i+\frac{1}{2}} - \left(\Gamma \frac{\partial \varphi}{\partial x}\right)_{i-\frac{1}{2}}}{\frac{1}{2}(x_{i+1} - x_{i-1})} \\
&\approx \frac{\Gamma_{i+\frac{1}{2}} \frac{\varphi_{i+1} + \varphi_i}{x_{i+1} - x_i} - \Gamma_{i-\frac{1}{2}} \frac{\varphi_i - \varphi_{i-1}}{x_i - x_{i-1}}}{\frac{1}{2}(x_{i+1} - x_{i-1})}
\end{aligned} \tag{3-31}$$

利用内、外一阶导数的不同差分近似,可以很容易地得到其他近似方法,前面章节提到的任何近似方法都可以使用。

3.4 混合导数近似方法

只有当控制方程在非正交坐标系中建立时,才会出现混合导数。混合导数 $\partial^2 \varphi / \partial x \partial y$ 可以像上面描述的二阶导数那样结合一维近似来处理。可以写成:

$$\frac{\partial^2 \varphi}{\partial x \partial y} = \frac{\partial}{\partial x}\left(\frac{\partial \varphi}{\partial y}\right) \tag{3-32}$$

在 (x_i, y_j) 点的混合二阶导数可以用中心差分方法先对其在 (x_{i+1}, y_j) 点和 (x_{i-1}, y_j) 点对 y 的一阶导数进行近似,然后用上面的方法将其对 x 求导。

微分的顺序可以改变,数值近似值或许取决于微分的顺序。尽管其看起来有缺陷,但它实际上没有带来任何问题。所需要考虑的就是数值近似的精确度受网格尺寸的限制。

3.5　其他项近似方法

在标量守恒方程中,可能有不包含导数的项,我们把它们集合成源项。这些项也需要被近似。在向前差分方法中,通常只需要用节点上的值来代替。如果该项涉及因变量,则可以用该节点上变量值的表达式表示。

3.6　边界条件设置

对偏微分方程进行有限差分近似需要在每一个内部网格节点上进行。为了使解具有唯一性,连续性问题需要知道求解域边界处的解的信息。一般来说,变量为在边界(狄利克雷边界条件)的值或它在特定方向上的梯度(通常垂直于边界——纽曼边界条件)或由两个量的线性组合是给定的。

如果变量值在某些边界点已知,则无须求解。在所有包含这些点的数据的有限差分方程中,只使用已知的值,其他的都不需要。当使用导数的高阶近似时,问题就出现了。由于这需要超过三个点的数据,内部节点的近似可能需要边界以外点的数据。因此,可能需要对靠近边界点的导数使用不同的近似法。通常这些近似法的阶次比在内部更深处节点使用的近似法的阶次低。

3.7　代数方程求解

代数方程的求解可以分成直接解法及迭代法两大类。所谓直接解法是指通过有限步的数值计算获得代数方程真解的方法。而迭代法往往是先假定一个关于求解变量场的分布,然后通过逐次迭代的方法,得到所有变量的解。用迭代法得到的解一般是近似解。

最基本的直接解法是克拉姆(Cramer)矩阵求逆法和高斯消去法。克拉姆矩阵求逆法只适用于方程组规模非常小的情况。高斯消去法先要把系数矩阵通过消元而化为上三角阵,然后逐一回代,从而得到方程组的解。高斯消去法虽然比克拉姆矩阵求逆法能够适应较大规模的方程组,但还是不如迭代法效率高。

目前最基本的迭代法是雅克比(Jacobi)迭代法和高斯-赛德尔(Gauss-Seidel)迭代法。这二者均可非常容易地在计算机上实现。但当方程组规模较大时,要获得收敛解,往往速度很慢。因此,一般的 CFD 软件都不使用这类方法。

Tomas 在较早以前开发了一种能快速求解三对角方程组的解法 TDMA(tri-diagonal matrix algorithm),目前在 CFD 软件中得到了较广泛应用。对于一维 CFD 问题,TDMA 实际上是一种直接解法。但它可以迭代使用,从而用于求解二维和三维问题中非三对角方程组。它最大的特点是速度快、占用的内存空间小。后来,该算法又针对不同的问题得到了改进,出现了如 CTDMA(循环三对角阵算法)和 DTDMA(双三对角阵算法)等等。

3.7.1　TDMA 解法

(1) TDMA 在三对角方程中的应用

考虑方程组具有如下的三对角形式：

$$\varphi_1 \qquad\qquad\qquad\qquad\qquad\qquad = C_1$$
$$-\beta_2\varphi_1 + D_2\varphi_2 - \alpha_2\varphi_3 \qquad\qquad = C_2$$
$$-\beta_3\varphi_2 + D_3\varphi_3 - \alpha_3\varphi_4 \qquad\qquad = C_3$$
$$-\beta_4\varphi_3 + D_4\varphi_4 - \alpha_4\varphi_5 \qquad = C_4 \qquad (3-33)$$
$$\cdots\cdots$$
$$-\beta_n\varphi_{n-1} + D_n\varphi_n - \alpha_n\varphi_{n+1} = C_n$$
$$\varphi_{n+1} = C_{n+1}$$

在上式中，假定 φ_1 和 φ_{n+1} 是边界上的值，为已知。式(3-33)中任一方程都可写成：

$$-\beta_j\varphi_{j-1} + D_j\varphi_j - \alpha_j\varphi_{j+1} = C_j \qquad (3-34)$$

方程组（3-33）中，除第一个及最后一个方程外，其余方程可写为：

$$\varphi_2 = \frac{\alpha_2}{D_2}\varphi_3 + \frac{\beta_2}{D_2}\varphi_1 + \frac{C_2}{D_2}$$

$$\varphi_3 = \frac{\alpha_3}{D_3}\varphi_4 + \frac{\beta_3}{D_3}\varphi_2 + \frac{C_3}{D_3}$$

$$\varphi_4 = \frac{\alpha_4}{D_4}\varphi_5 + \frac{\beta_4}{D_4}\varphi_3 + \frac{C_4}{D_4} \qquad (3-35)$$

$$\cdots\cdots$$

$$\varphi_n = \frac{\alpha_n}{D_n}\varphi_{n+1} + \frac{\beta_n}{D_n}\varphi_{n-1} + \frac{C_n}{D_n}$$

这些方程可通过消元和回代两个过程来求解。消元步起自于从方程（3-35）第二式中消去 φ_2，将方程（3-35）第一式代入第二式，有：

$$\varphi_3 = \left[\frac{\alpha_3}{D_3 - \beta_3\frac{\alpha_2}{D_2}}\right]\varphi_4 + \left[\frac{\beta_3\left(\frac{\beta_2}{D_2}\varphi_1 + \frac{C_2}{D_2}\right) + C_3}{D_3 - \beta_3\frac{\alpha_2}{D_2}}\right] \qquad (3-36)$$

现引入记号：

$$A_2 = \frac{\alpha_2}{D_2}, C'_2 = \frac{\beta_2}{D_2}\varphi_1 + \frac{C_2}{D_2} \qquad (3-37)$$

方程（3-36）写为：

$$\varphi_3 = \left(\frac{\alpha_3}{D_3 - \beta_3 A_2}\right)\varphi_4 + \left(\frac{\beta_3 C'_2}{D_3 - \beta_3 A_2}\right) \qquad (3-38)$$

如果令：

$$A_3 = \frac{\alpha_3}{D_3 - \beta_3 A_2}, C_3' = \frac{\beta_3 C'_2 + C_3}{D_3 - \beta_3 A_2} \qquad (3-39)$$

方程（3-38）写为：

$$\varphi_3 = A_3\varphi_4 + C'_3 \qquad (3-40)$$

这样，式（3-38）可用于从方程（3-35）第三式中消去 φ_3。此过程重复进行，直到最后一个方程，这样就完成了消去过程。

对于回代，我们重复使用式（3-40）的关系，即：

$$\varphi_j = A_j \varphi_{j+1} + C'_j \tag{3-41}$$

其中：

$$A_j = \frac{\alpha_j}{D_j - \beta_j A_{j-1}}, C'_j = \frac{\beta_j C'_{j-1} + C_j}{D_j - \beta_j A_{j-1}} \tag{3-42}$$

通过为 A 和 C' 设置如下值，式(3-41)可用于边界点 $j=1$ 和 $j=n+1$：

$$A_0 = 0, C'_1 = \varphi_1 \tag{3-43a}$$

$$A_{n+1} = 0, C'_{n+1} = \varphi_{n+1} \tag{3-43b}$$

为了求解方程组，首先要对方程组按（3-34）的形式编排，并明确其中的系数 α_j、β_j、D_j 和 C_j。然后，从 $j=2$ 起，利用式（3-42）顺序计算系数 A_j 和 C'_j，直到 $j=n$。由于在边界位置($n+1$)的 φ 值是已知的，因此，根据式(3-41)按($\varphi_n, \varphi_{n-1}, \varphi_{n-2}, \cdots, \varphi_2$)的顺序可连续计算出 φ_j。

（2）TDMA 在二维问题中的应用

CFD 计算的二维问题一般对应于五对角方程组，而不是一维问题中的三对角方程组。我们可以通过迭代方式来使用 TDMA，来求解二维问题的方程组。

假定有图 3-4 所示的二维计算网格，对应的离散后的输运方程为：

$$-\alpha_S \varphi_S + \alpha_P \varphi_P + \alpha_N \varphi_N = \alpha_W \varphi_W + \alpha_E \varphi_E + b \tag{3-44}$$

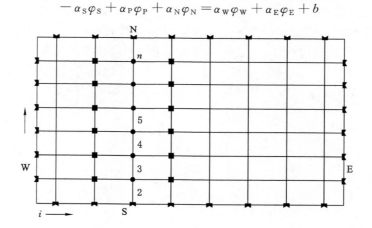

图 3-4　使用 TDMA 方法求解二维问题的计算网格

我们暂且假定式(3-44)的右端项是已知的，这样，方程(3-44)具有方程(3-35)的形式，其中，$\alpha_j \equiv \alpha_N$、$\beta_j \equiv \alpha_S$ 和 $C_j \equiv \alpha_W \varphi_W + \alpha_E \varphi_E + b$。现在，我们可沿着某一条所选定的线（图3-4 中标识为 S-N 的一条竖线）的 N-S 方向求解出 $j=2,3,4,\ldots,n$ 的 φ 值。

接下来，转入下一条竖线。这样，可以将各条竖线均扫一遍。如果我们的计算是从西（W）到东（E）进行，则当前这条竖线的西侧的值 φ_W 就是已知的，因为可从前一条竖线的计算结果中找到，而东侧的值 φ_E 是未知的，因此，该求解过程必须迭代进行。在每个迭代步循环之内，φ_E 的值可以取自在上一个迭代循环结束之后的值或给定的初值（在首次迭代时要用初值，可以将初值设为 0）。该迭代过程被称为逐行迭代，直到收敛为止。

而对于三维过程的 TDMA 迭代计算，先在一个选择的平面上按上述过程进行逐行迭代计算，完成后，转入下个平面。

3.7.2 TDMA 算法的扩展——CTDMA

求解一维问题代数方程组的 TDMA 算法效果很好,在计算传热学中得到广泛应用。这表现在以下两个方面:第一,TDMA 被直接应用于二维及三维问题离散方程组的求解,构成迭代法中的直接求解部分。第二,TDMA 的求解思想被推广应用到以下三种特殊情况,分别形成了三种派生算法:① 当所求解的问题具有周期性的边界条件、从而使求解区域的始端与末端重合时,求解离散方程组的循环三对角阵算法(cyclic TDMA,CTDMA);② 当两个标量耦合时(如自然对流中速度与温度耦合)求解离散方程组的耦合三对角阵算法(coupled TDMA,COTDMA),又称双三对角阵算法(double TDMA,TDMA);③ 在求解区域首末相接而且两个变量又耦合时采用的耦合循环三对角阵算法(COCTDMA)。作为举例,本节将详细介绍 CTDMA。

(1) 需要采用 CTDMA 求解的情形

图 3-5 中给出了几种需要采用 CTDMA 求解离散方程组的情形。图 3-5(a)为一环状导热区域,如果在 x 与 y 方向分别采用 TDMA 求解(即交替方向隐式求解方法,以下将详细讨论),由于求解区域中心的不连续会很不方便,但如果采用图中虚线所示的一条封闭环线作为使用三对角阵算法的对象,对其上各点的温度进行求解,按箭头所示方向逐条推进(即扫描),就要方便得多。图 3-5(b)为一个二维周期性的复杂通道,当流动进入充分发展阶段后,可只对其中一个周期进行计算,这时速度及无量纲温度在进出口截面的对应位置上是相等的,相当于首末相接。图 3-5(c)是极坐标中需要对 360°范围内的流场计算的情形,这时计算区域显然首末相连。上述情形温度场与速度场的求解都要用到循环三对角阵算法。

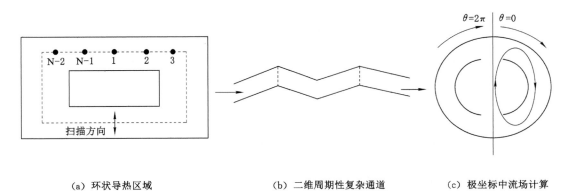

(a) 环状导热区域   (b) 二维周期性复杂通道   (c) 极坐标中流场计算

图 3-5　需要使用 CTDMA 的例子

(2) CTDMA 的消元步

假设图 3-5(a)所示封闭周线上各节点的离散方程可以写成以下形式:

$$A_i T_i = B_i T_{i+1} + C_i T_{i-1} + D_i$$
$$i = 1, 2, \cdots, N-1 \tag{3-45}$$

这里 D_i 中包括了其他邻点上的温度,并取迭代过程的当前值。另外,对 $i=1$ 及 $i=N-1$,做出规定:$i=1$,$T_{i-1}=T_{N-1}$,$i=N-1$,$T_{i+1}=T_1$。

用直接法解这一方程的过程也分成消元与回代两个步骤。在消元步中要把同一条周线

上相邻三个节点的温度方程减少为相邻两个节点温度之间的关系式,即要寻找形如:

$$T_i = E_i T_{i+1} + F_i T_{N-1} + G_i \tag{3-46}$$

的关系式,即把任一 T_i 与 T_{N-1},联系起来的关系式。注意,与 TDMA 中不同的是式(3-46)中包含了该周线中的最后一个节点的温度,这是由求解区城首尾相接这一特点所造成的。下面可以看到,求出 T_{N-1} 之值是完成 CTDMA 的一轮计算中的一个重要环节。

首先找出式(3-46)中的系数 E_i,F_i 及常数项 G_i,与式(3-45)中的 A_i,B_i,C_i 及 D_i 之间的关系。显然,对 $i=1$,有:

$$A_1 T_1 = B_1 T_2 + C_1 T_{N-1} + D_1 \tag{3-47}$$

或

$$T_1 = (B_1/A_1) T_2 + (C_1/A_1) T_{N-1} + D_1/A_1 \tag{3-48}$$

故有:

$$E_1 = \frac{B_1}{A_1}, F_1 = \frac{C_1}{A_1}, G_1 = \frac{D_1}{A_1} \tag{3-49}$$

为了得出计算 E_i,F_i 及 G_i 的通式,把式(3-45)对点 $i+1$ 写出,然后将式(3-46)代入,得:

$$A_{i+1} T_{i+1} = B_{i+1} T_{i+2} + C_{i+1} (E_i T_{i+1} + F_i T_{N-1} + G_i) + D_{i+1} \tag{3-50}$$

整理得:

$$T_{i+1} = \frac{B_{i+1}}{A_{i+1} - C_{i+1} E_i} T_{i+2} + \frac{C_{i+1} F_i}{A_{i+1} - C_{i+1} E_i} T_{N-1} + \frac{D_{i+1} C_{i+1} G_i}{A_{i+1} - C_{i+1} E_i} \tag{3-51}$$

与式(3-46)相比,得:

$$E_i = \frac{B_i}{A_i - C_i E_{i-1}}, F_i = \frac{C_i F_{i-1}}{A_i - C_i E_{i-1}}, G_i = \frac{D_i + C_i G_{i-1}}{A_i - C_i E_{i-1}} \tag{3-52}$$

式(3-52)与简单的 TDMA 算法中的回代公式相似,但在这里必须先确定 T_{N-1} 才能用此式进行回代。

下面推导利用已如条件计算 T_{N-1} 的公式,将式(3-45)对 $i=N-1$ 写出,得:

$$A_{N-1} T_{N-1} = B_{N-1} T_1 + C_{N-1} T_{N-2} + D_{N-1} \tag{3-53}$$

再将式(3-46)对 $i=1$ 写出,得:

$$T_1 = E_1 T_2 + F_1 T_{N-1} + G_1 \tag{3-54}$$

将式(3-53)代入式(3-54)并靠理,得

$$T_{N-1} \underbrace{(A_{N-1} - B_{N-1} F_1)}_{p_2} = \underbrace{(B_{N-1} E_1)}_{q_2} T_2 + C_{N-1} T_{N-2} + \underbrace{(D_{N-1} + G_1 B_{N-1})}_{r} \tag{3-55}$$

或简记为:

$$p_2 T_{N-1} = q_2 T_2 + C_{N-1} T_{N-2} + r_2 \tag{3-56}$$

再将 $T_2 = E_2 T_3 + F_2 T_{N-1} + G_2$ 代入(3-56)整理后得:

$$T_{N-1} \underbrace{(p_2 - q_2 F_2)}_{p_3} = \underbrace{q_2 E_2}_{q_3} T_3 + C_{N-1} T_{N-2} + \underbrace{(r_2 + q_2 G_2)}_{r_3} \tag{3-57}$$

由此可归纳出关于 p_i,q_i 及 r_i 的一般计算式:

$$p_i = p_{i-1} - q_{i-1} F_{i-1}, p_1 = A_{N-1} \tag{3-58a}$$

$$q_i = q_{i-1} F_{i-1}, q_1 = B_{N-1} \tag{3-58b}$$

$$r_i = r_{i-1} + q_{i-1} G_{i-1}, r_1 = D_{N-1} \tag{3-58c}$$

这样,把式(3-46)逐一代入封闭周线其他各点上的离散方程,可得出一组把 T_{N-1} 与周线上其他节点之值联系起来的公式:

$$p_1 T_{N-1} = q_1 T_1 + C_{N-1} T_{N-2} + r_1$$
$$p_2 T_{N-1} = q_2 T_2 + C_{N-1} T_{N-2} + r_2$$
$$\cdots\cdots \tag{3-59}$$
$$p_{N-2} T_{N-1} = q_{N-2} T_{N-2} + C_{N-1} T_{N-2} + r_{N-2}$$

上述最后一式可改写成:

$$p_{N-2} T_{N-1} = T_{N-2}(q_{N-2} + C_{N-1}) + r_{N-2} \tag{3-60}$$

而由式(3-46)得:

$$T_{N-2} = E_{N-2} T_{N-1} + F_{N-2} T_{N-1} + G_{N-2} \tag{3-61}$$

将两式联立并对 T_{N-1} 解出,得:

$$T_{N-1} = \frac{r_{N-2} + (q_{N-2} + C_{N-1})G_{N-2}}{p_{N-2} + (q_{N-2} + C_{N-1})(E_{N-2} + F_{N-2})} \tag{3-62}$$

(3) CTDMA 的回代过程

获得了 T_{N-1} 之值后,便可利用式(3-46)进行回代。先看 $i = N-2$,此时 $T_{i+1} = T_{N-1}$,而 T_{N-1} 是已知的,因而即可由式(3-46)得 T_{N-2} 的值。同样,对 $i = N-3$, $T_{i+1} = T_{N-2}$,于是 T_{N-3} 即可算出。如此逐一回代,即可获得所需之解。

现在将 CTDMA 算法归纳如下:

(1) 由式(3-49),(3-52)计算回代公式的系数;

(2) 由式(3-58)计算 p_i, q_i, r_i;

(3) 按式(3-62)计算 T_{N-1};

(4) 利用式(3-46)从 $i = N-2$ 到 $i = 1$ 逐一进行回代。

3.8　SIMPLE 系列算法的说明

SIMPLE 算法是目前工程上应用最为广泛的一种流场计算方法,它属于压力修正法的一种。传统意义上的 SIMPLE 算法是基于交错网格的,为此本节介绍基于交错网格的 SIMPLE 算法,交错网格及其编码见图 3-6。本节通过一个二维层流稳态问题来说明 SIMPLE 算法的原理及使用方法。

图 3-6 中 P 为所选定的点,W,E,S,N(w,e,s,n)分别表示西,东,南,北方向;实线、虚线表示位置划分;i, j 分别为 x 方向和 y 方向的坐标。

3.8.1　SIMPLE 算法的基本思想

SIMPLE 是英文 semi-implicit method for pressure-linked equations 的缩写,意为"求解压力耦合方程组的半隐式方法"。该方法由 S. V. Patankar 与 D. B. Spalding 于 1972 年提出,是一种主要用于求解不可压流场的数值方法(也可用于求解可压流动)。它的核心是采用"猜测—修正"的过程,在交错网格的基础上来计算压力场,从而达到求解动量方程(Navier-Stokes 方程)的目的。

SIMPLE 算法的基本思想可描述如下:对于给定的压力场(它可以是假定的值或是上一

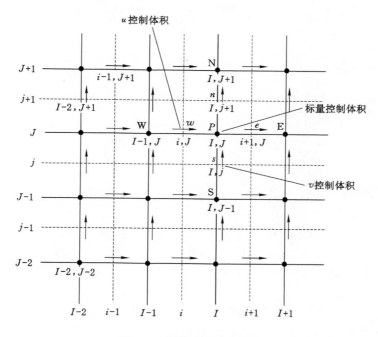

图 3-6　交错网格及其编码

次迭代计算所得到的结果),求解离散形式的动量方程,得出速度场。因为压力场是假定的或不精确的,由此得到的速度场一般不满足连续方程,因此,必须对给定的压力场加以修正。修正的原则是:与修正后的压力场相对应的速度场能满足这一迭代层次上的连续方程。据此原则,我们把由动量方程的离散形式所规定的压力与速度的关系代入连续方程的离散形式,从而得到压力修正方程,由压力修正方程得出压力修正值。根据修正后的压力场,求得新的速度场,然后检查速度场是否收敛。若不收敛,用修正后的压力值作为给定的压力场,开始下一层次的计算。如此反复,直到获得收敛的解。

　　在上述求解过程中,如何获得压力修正值(即如何构造压力修正方程)以及如何根据压力修正值确定"正确"的速度(即如何构造速度修正方程),是 SIMPLE 算法的两个关键问题。为此,下面先解决这两个问题,然后给出 SIMPLE 算法的求解步骤。

3.8.2　速度修正方程

　　现考察一个直角坐标系下的二维层流稳态问题。设有初始的猜测压力场 p^*,我们知道,动量方程的离散方程可借助该压力场得以求解,从而求出相应的速度分量 u^* 和 v^*。

　　根据在分别在位置 (i,J) 处的关于速度 $u_{i,J}$ 和在位置 (I,j) 处的关于速度 $v_{I,j}$ 的动量方程的离散方程,有:

$$a_{i,J}u_{i,J}^* = \sum a_{\text{nb}}u_{\text{nb}}^* + (p_{I-1,J}^* - p_{I,J}^*)A_{i,J} + b_{i,J} \tag{3-63}$$

$$a_{I,j}u_{I,j}^* = \sum a_{\text{nb}}v_{\text{nb}}^* + (p_{I,J-1}^* - p_{I,J}^*)A_{I,j} + b_{I,j} \tag{3-64}$$

　　现在,定义压力修正值 p' 为正确的压力场 p 与猜测的压力场 p^* 之差,有:

$$p = p' + p^* \tag{3-65}$$

同样地,定义速度修正值 u' 和 v',以联系正确的速度场 (u,v) 与猜测的速度场 (u^*,v^*),有:

$$u=u'+u^* \tag{3-66}$$
$$v=v'+v^* \tag{3-67}$$

将正确的压力场 p 代入动量离散方程,得到正确的速度场 (u,v),现在,从动量离散方程中减去方程(3-63)和(3-64),并假定源项 b 不变,有:

$$a_{i,J}(u_{i,J}-u^*_{i,J})=\sum a_{nb}(u_{nb}-u^*_{nb})+[(p_{I-1,J}-p^*_{I-1,J})-(p_{I,J}-p^*_{I,J})]A_{i,J} \tag{3-68}$$

$$a_{I,j}(v_{I,j}-v^*_{I,j})=\sum a_{nb}(v_{nb}-v^*_{nb})+[(p_{I,J-1}-p^*_{I,J-1})-(p_{I,J}-p^*_{I,J})]A_{I,j} \tag{3-69}$$

引入压力修正值与速度修正值的表达式(3-65)、(3-66)和(3-67),方程(3-68)和(3-69)可写成:

$$a_{i,J}u'_{i,J}=\sum a_{nb}u'_{nb}+(p'_{I-1,J}-p'_{I,J})A_{i,J} \tag{3-70}$$
$$a_{I,j}v'_{I,j}=\sum a_{nb}v'_{nb}+(p'_{I,J-1}-p'_{I,J})A_{I,j} \tag{3-71}$$

可以看出,由压力修正值 p' 可求出速度修正值 (u',v')。式(3-70)、(3-71)还表明,任一点上速度的修正值由两部分组成:一部分是与该速度在同一方向上的相邻两节点间的压力修正值之差,这是产生速度修正值的直接动力;另一部分是由邻点速度的修正值所引起的,这又可以视为四周压力的修正值对该位置上速度的间接影响。

为了简化式(3-70)和(3-71)的求解过程,在此,引入如下近似处理:略去方程中与速度修正值相关的 $\sum a_{nb}u'_{nb}$ 和 $\sum a_{nb}v'_{nb}$。该近似是 SIMPLE 算法的重要特征。略去后的影响将在下一节要介绍的 SIMPLEC 算法中讨论。于是有:

$$u'_{i,J}=d_{i,J}(p'_{I-1,J}-p'_{I,J}) \tag{3-72}$$
$$v'_{I,j}=d_{I,j}(p'_{I,J-1}-p'_{I,J}) \tag{3-73}$$

其中,

$$d_{i,J}=\frac{A_{i,J}}{a_{i,J}} \tag{3-74}$$

$$d_{I,j}=\frac{A_{I,j}}{a_{I,j}} \tag{3-75}$$

将式(3-72)和式(3-72)所描述的速度修正值代入式(3-66)和(3-67),有:
$$u_{i,J}=u^*_{i,J}+d_{i,J}(p'_{I-1,J}-p'_{I,J}) \tag{3-76}$$
$$v_{I,j}=v^*_{I,j}+d_{I,j}(p'_{I,J-1}-p'_{I,J}) \tag{3-77}$$

对于 $u_{i+1,J}$ 和 $v_{I,j+1}$,存在类似的表达式:
$$u_{i+1,J}=u^*_{i+1,J}+d_{i+1,J}(p'_{I,J}-p'_{I+1,J}) \tag{3-78}$$
$$v_{I,j+1}=v^*_{I,j+1}+d_{I,j+1}(p'_{I,J}-p'_{I,J+1}) \tag{3-79}$$

其中,

$$d_{i+1,J}=\frac{A_{i+1,J}}{a_{i+1,J}} \tag{3-80}$$

$$d_{I,j+1} = \frac{A_{I,j+1}}{a_{I,j+1}} \qquad (3\text{-}81)$$

式(3-76)～(3-79)表明,如果已知压力修正值 p',便可对猜测的速度场 (u^*, v^*) 作出相应的速度修正,得到正确的速度场 (u, v)。

3.8.3　压力修正方程

在上面的推导中,只考虑了动量方程,但速度场还受连续方程的约束。按本节开头的约定,这里暂不讨论瞬态问题。对于稳态问题,连续方程可写为:

$$\frac{\partial(\rho u)}{\partial x} + \frac{\partial(\rho v)}{\partial y} = 0 \qquad (3\text{-}82)$$

针对图 3-6 所示的标量控制体积,连续方程(3-82)满足如下离散形式:

$$[(\rho u A)_{i+1,J} - (\rho v A)_{i,J}] + [(\rho v A)_{I,j+1} - (\rho u A)_{I,j}] = 0 \qquad (3\text{-}83)$$

将正确的速度值,即式(3-76)～(3-79),代入连续方程的离散方程(3-83),有:

$$\{\rho_{i+1,J} A_{i+1,J}[u^*_{i+1,J} + d_{i+1,J}(p'_{I,J} - p'_{I+1,J})] - \rho_{i,J} A_{i,J}[u^*_{i,J} + d_{i,J}(p'_{I-1,J} - p'_{I,J})]\} +$$
$$\{\rho_{I,j+1} A_{I,j+1}[v^*_{I,j+1} + d_{I,j+1}(p'_{I,J} - p'_{I,J+1})] - \rho_{I,j} A_{I,j}[v^*_{I,j} + d_{I,j}(p'_{I,J-1} - p'_{I,J})]\} = 0$$
$$(3\text{-}84)$$

整理后得:

$$[(\rho d A)_{i+1,J} - (\rho d A)_{i,J}] + [(\rho d A)_{I,j+1} - (\rho u A)_{I,j}] p'_{I,J}$$
$$= (\rho d A)_{i+1,J} p'_{I+1,J} + (\rho d A)_{i,J} p'_{I-1,J} + (\rho d A)_{I,j+1} p'_{I,J+1} +$$
$$(\rho d A)_{I,j} p'_{I,j-1} + [(\rho u^* A)_{i,J} - (\rho u^* A)_{i+1,J} + (\rho v^* A)_{I,j} - (\rho v^* A)_{I,j+1}]$$
$$(3\text{-}85)$$

该式可简记为:

$$a_{I,J} p'_{I,J} = a_{I+1,J} p'_{I+1,J} + a_{I-1,J} p'_{I-1,J} + a_{I,J+1} p'_{I,J+1} + a_{I,J-1} p'_{I,J-1} + b'_{I,J} \quad (3\text{-}86)$$

其中,

$$a_{I+1,J} = (\rho d A)_{i+1,J} \qquad (3\text{-}87a)$$
$$a_{I-1,J} = (\rho d A)_{i,J} \qquad (3\text{-}87b)$$
$$a_{I,J+1} = (\rho d A)_{I,j+1} \qquad (3\text{-}87c)$$
$$a_{I,J-1} = (\rho d A)_{I,j} \qquad (3\text{-}87d)$$
$$a_{I,J} = a_{I+1,J} + a_{I-1,J} + a_{I,J+1} + a_{I,J-1} \qquad (3\text{-}87e)$$
$$b'_{I,J} = (\rho d^* A)_{i,J} - (\rho u^* A)_{i+1,J} + (\rho v^* A)_{I,j} - (\rho v^* A)_{I,j+1} \qquad (3\text{-}87f)$$

式(3-86)表示连续方程的离散方程,即压力修正值 p' 的离散方程。方程中的源项 b' 是由不正确的速度场 (u^*, v^*) 所导致的"连续性"不平衡量。通过求解方程(3-86),可得到空间所有位置的压力修正值。

式(3-87)中的 ρ 是标量控制体积界面上的密度值,需要通过插值得到,这是因为密度 ρ 是在标量控制体积中的节点(即控制体积的中心)定义和存储的,在标量控制体积界面上不存在直接引用值。无论采用何种插值方法,对于交界面所属的两个控制体积,必须采用同样的 ρ 值。

为了求解方程(3-86),还必须对压力修正值的边界条件做出说明。实际上,压力修正方程是动量方程和连续方程的派生物,不是基本方程,故其边界条件也与动量方程的边界条件相联系。在一般的流场计算中,动量方程的边界条件通常有两类:第一类,已知边界上的压力(速度未知);第二类,已知沿边界法向的速度分量。若已知边界压力 $\bar{p}$,可在该段边界上令 $p^{*}=\bar{p}$,则该段边界上的压力修正值 p' 应为零。这类边界条件类似于热传导问题中已知温度的边界条件。若已知边界上的法向速度,在设计网格时,最好令控制体积的界面与边界相一致。

3.8.4 SIMPLE 算法的计算步骤

至此,我们已经得出了求解速度分量和压力所需要的所有方程。根据 3.8.1 小节介绍的 SIMPLE 算法的基本思想,可给出 SIMPLE 算法的计算流程,如图 3-7 所示。

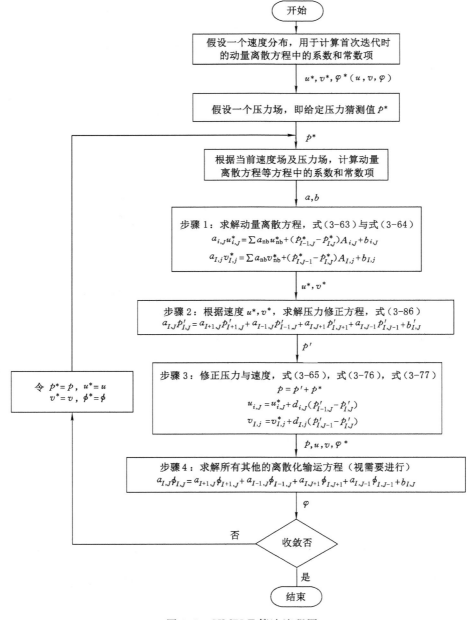

图 3-7　SIMPLE 算法流程图

3.8.5　SIMPLER 算法

SIMPLER 是英文 SIMPLE revised 的缩写,顾名思义是 SIMPLE 算法的改进版本。它是由 SIMPLE 算法的创始者之一 S. V. Patanker 完成的。

我们知道,在 SIMPLE 算法中,为了确定动量离散方程的系数,一开始就假定了一个速度分布,同时又独立地假定了一个压力分布,两者之间一般是不协调的,从而影响了迭代计算的收敛速度。实际上,不必在初始时刻单独假定一个压力场,因为与假定的速度场相协调的压力场是可以通过动量方程求出的。另外,在 SIMPLE 算法中对压力修正值 p' 采用了欠松弛处理,而欠松弛因子是比较难确定的,因此,速度场的改进与压力场的改进不能同步进行,最终影响收敛速度。于是,S. V. Patanker 便提出了这样的想法:p' 只用来修正速度,压力场的改进则需另谋更合适的方法。将上述两方面的思想结合起来,就构成了 SIMPLER 算法。

在 SMPLER 算法中,经过离散后的连续方程(3-83)用于建立一个压力的离散方程,而不像在 SIMPLE 算法中用来建立压力修正方程。从而,可直接得到压力,而不需要修正。但是,速度仍然需要通过 SIMPLE 算法中的修正方程(3-76)～(3-79)来修正。

将离散后的动量方程重新改写后,有:

$$u_{i,J} = \frac{\sum a_{\mathrm{nb}} u_{\mathrm{nb}} + b_{i,J}}{a_{i,J}} + \frac{A_{i,J}}{a_{i,J}}(p_{I-1,J} - p_{I,J}) \qquad (3\text{-}88)$$

$$u_{I,j} = \frac{\sum a_{\mathrm{nb}} v_{\mathrm{nb}} + b_{I,j}}{a_{I,j}} + \frac{A_{I,j}}{a_{I,j}}(p_{I-1,J} - p_{I,J}) \qquad (3\text{-}89)$$

在 SIMPLER 算法中,定义伪速度 $\hat{u}$ 与 $\hat{v}$ 如下:

$$\hat{u} = \frac{\sum a_{\mathrm{nb}} u_{\mathrm{nb}} + b_{i,J}}{a_{i,J}} \qquad (3\text{-}90)$$

$$\hat{v} = \frac{\sum a_{\mathrm{nb}} v_{\mathrm{nb}} + b_{I,j}}{a_{I,j}} \qquad (3\text{-}91)$$

这样,式(3-88)与式(3-89)可写为:

$$u_{i,J} = \hat{u}_{i,J} + d_{i,J}(p_{I-1,J} - p_{I,J}) \qquad (3\text{-}92)$$

$$v_{I,j} = \hat{v}_{i,J} + d_{I,j}(p_{I,J-1} - p_{I,J}) \qquad (3\text{-}93)$$

以上两式中的系数 d,仍沿用上面所给出的计算公式。同样可写 $u_{i+1,J}$ 与 $v_{I,j+1}$ 的表达式。然后,将 $u_{i,J}$、$v_{I,j}$、$u_{i+1,J}$ 与 $v_{I,j+1}$ 的表达式代入离散后的连续方程(3-83),有:

$$\{p_{i+1,J} A_{i+1,J}[\hat{u}_{i+1,J} + d_{i+1,J}(p_{I,J} - p_{I+1,J})] - p_{i,J} A_{i,J}[\hat{u}_{i,J} + d_{i,J}(p_{I-1,J} - p_{I,J})]\} +$$

$$\{p_{I,j+1} A_{I,j+1}[\hat{v}_{I,j+1} + d_{I,j+1}(p_{I,J} - p_{I,J+1})] - p_{I,j} A_{I,j}[\hat{v}_{I,j} + d_{I,j}(p_{I,J-1} - p_{I,J})]\} = 0$$

$$(3\text{-}94)$$

整理后,得到离散后的压力方程:

$$a_{I,J} p_{I,J} = a_{I+1,J} p_{I+1,J} + a_{I-1,J} p_{I-1,J} + a_{I,J+1} p_{I,J+1} + a_{I,J-1} p_{I,J-1} + b_{I,J} \qquad (3\text{-}95)$$

其中,

$$a_{I+1,J} = (\rho d A)_{i+1,J} \qquad (3\text{-}96\mathrm{a})$$

$$a_{I-1,J} = (\rho dA)_{i,J} \tag{3-96b}$$

$$a_{I,J+1} = (\rho dA)_{I,j+1} \tag{3-96c}$$

$$a_{I,J-1} = (\rho dA)_{I,j} \tag{3-96d}$$

$$a_{I,J} = a_{I+1,J} + a_{I-1,J} + a_{I,J+1} + a_{I,J-1} \tag{3-96e}$$

$$b_{I,J} = (\rho \hat{u} A)_{i,J} - (\rho \hat{u} A)_{i+1,J} + (\rho \hat{v} A)_{I,j} - (\rho \hat{v} A)_{I,j+1} \tag{3-96f}$$

我们注意到,方程(3-95)中的系数与压力修正方程(3-86)中的系数是一样的,差别仅在于源项 b。方程(3-89)的源项 b 是用伪速度来计算的。因此,离散后的动量方程(3-63)和方程(3-64)可借助上面得到的压力场来直接求解。这样,可求出速度分量 u^* 与 v^*。

在 SIMPLER 算法中,继续使用速度修正方程,即式(3-76)~(3-79),来得出修正后的速度值。因此,也必须使用 p' 的方程,即式(3-86),来获取修正速度时所需的压力修正量。SIMPLER 算法的流程见图3-8。

在 SIMPLER 算法中,初始的压力场与速度场是协调的,且由 SIMPLER 方法算出的压力场不必做欠松弛处理,迭代计算时比较容易得到收敛解。但在 SIMPLER 的每一层迭代中,要比 SIMPLE 算法多解一个关于压力的方程组,一个迭代步内的计算量较大。总体而言,SIMPLER 的计算效率要高于 SIMPLE 算法。

3.8.6 SIMPLEC 算法

SIMPLEC 是英文 SIMPLE consistent 的缩写,意为协调一致的 SIMPLE 算法。它也是 SIMPLE 的改进算法之一,它是由 J. P. Van Doormal 和 G. G. Raithby 所提出的。

在 SIMPLE 算法中,为求解的方便,略去了速度修正值方程中的 $\sum a'_{nb} u_{nb}$ 项,从而把速度的修正完全归结为压差项的直接作用。这一做法虽然并不影响收敛解的值,但加重了修正值 p' 的负担,使得整个速度场迭代收敛速度降低。实际上,当我们在略去 $\sum a'_{nb} u_{nb}$ 时,犯了一个"不协调一致"的错误。为了能略去 $\sum a'_{nb} u_{nb}$ 而同时又能使方程基本协调,试在 $u'_{i,J}$ 方程(3-70)的等号两端同时减去 $\sum a'_{nb} u_{i,J}$,有:

$$\left(a_{i,J} - \sum a_{nb}\right) u'_{i,J} = \sum a_{nb}(u'_{nb} - u'_{i,J}) + A_{i,J}(p'_{I-1,J} - p'_{I,J}) \tag{3-97}$$

可以预期,$u'_{I,J}$ 与其邻点的修正值 u'_{nb} 具有相同的量级,因而略去 $\sum a_{nb}(u'_{nb} - u'_{i,J})$ 所产生的影响远比在方程(3-70)中不计 $\sum a_{nb} u'_{nb}$ 所产生的影响要小得多。于是有:

$$u'_{i,J} = d_{i,J}(p'_{I-1,J} - p'_{I,J}) \tag{3-98}$$

其中,

$$d_{i,J} = \frac{A_{i,J}}{(a_{i,J} - \sum a_{nb})} \tag{3-99}$$

类似地,有:

$$v'_{I,j} = d_{I,j}(p'_{I,J-1} - p'_{I,J}) \tag{3-100}$$

其中,

$$d_{I,j} = \frac{A_{I,j}}{(a_{I,j} - \sum a_{nb})} \tag{3-101}$$

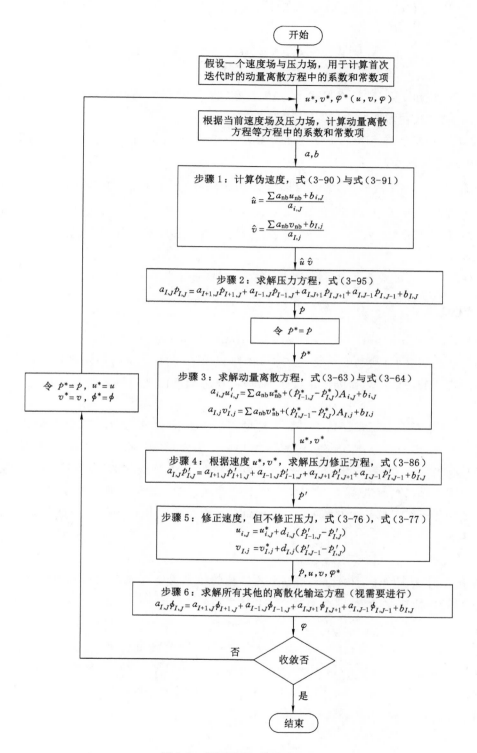

图 3-8　SIMPLER 算法流程图

将式(3-99)和(3-101)代入 SIMPLE 算法中的式(3-76)和(3-77),得到修正后的速度计算式:

$$u_{i,J} = u^*_{i,J} + d_{i,J}(p'_{I-1,J} - p'_{I,J}) \qquad (3-102)$$

$$v_{I,j} = v^*_{I,j} + d_{I,j}(p'_{I,J-1} - p'_{I,J}) \qquad (3-103)$$

式(3-102)和式(3-103)在形式上与式(3-76)和式(3-77)一致,只是其中的系数项 d 的计算公式不同,现在需要按式(3-93)和式(3-95)计算。

SIMPLEC 算法与 SIMPLE 算法的计算步骤相同,只是速度修正值方程中的系数项 d 的计算公式有所区别。

由于 SIMPLEC 算法没有像 SIMPLE 算法那样将 $\sum a'_{nb}u_{nb}$ 项忽略,得到的压力修正值 p' 一般是比较合适的,因此,在 SIMPLEC 算法中可不再对 p' 进行欠松弛处理。但据作者的试验,适当选取一个稍小于 1 的 α_p 对 p' 进行欠松弛处理,对加快迭代过程中解的收敛也是有效的。

为便于初学者熟悉和掌握 SIMPLEC 算法,在图 3-9 中给出了 SIMPLEC 算法的流程。

3.8.7 PISO 算法

PISO 是英文 pressure implicit with splitting of operators 的缩写,意为压力的隐式算子分割算法。PISO 算法是 R. I. Issa 于 1986 年提出的,起初是针对非稳态可压流动的无迭代计算所建立的一种压力速度计算程序,后来在稳态问题的迭代计算中也较广泛地使用了该算法。

PISO 算法与 SIMPLE、SIMPLEC 算法的不同之处在于:SIMPLE 算法和 SIMPLEC 算法是两步算法,即一步预测(图 3-7 中的步骤 1)和一步修正(图 3-7 中的步骤 2 和步骤 3);而 PISO 算法增加了一个修正步,包含一个预测步和两个修正步,在完成了第一步修正得到 (u,v,p) 后寻求二次改进值,目的是使它们更好地同时满足动量方程和连续方程。PISO 算法由于使用了预测—修正—再修正三步,从而可加快单个迭代步中的收敛速度。现将 3 个步骤介绍如下。

1. 预测步

使用与 SIMPLE 算法相同的方法,利用猜测的压力场 p^*,求解动量离散方程(3-63)与方程(3-64),得到速度分量 u^* 与 v^*。

2. 第一修正步

所得到的速度场 (u^*,v^*) 一般不满足连续方程,除非压力场 p^* 是准确的。现引入对 SIMPLE 的第一个修正步,该修正步给出一个速度场 (u^{**},v^{**}),使其满足连续方程。此处的修正公式与 SIMPLE 算法中的式(3-72)与(3-73)完全一致,只不过考虑到在 PISO 算法还有第二个修正步,因此,使用不同的记法:

$$p^{**} = p' + p^* \qquad (3-104)$$

$$u^{**} = u' + u^* \qquad (3-105)$$

$$v^{**} = v' + v^* \qquad (3-106)$$

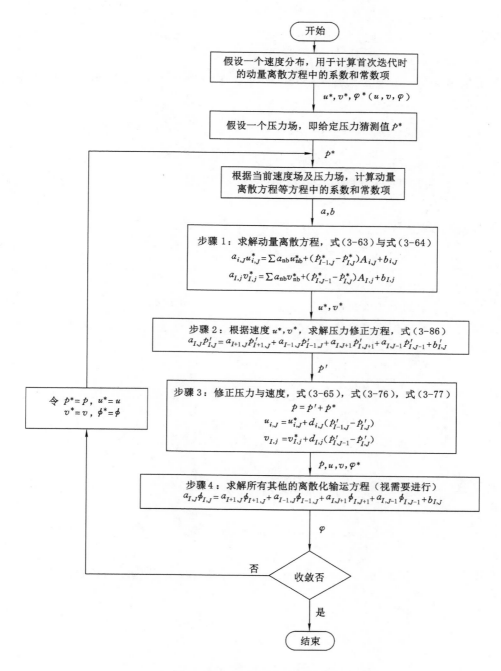

图 3-9　SIMPLEC 算法流程图

这组公式用于定义修正后的速度 u^{**} 与 v^{**}：

$$u^{**}_{i,J} = u^{*}_{i,J} + d_{i,J}(p'_{I-1,J} - p'_{I,J}) \tag{3-107}$$

$$v^{**}_{I,j} = v^{*}_{I,j} + d_{I,j}(p'_{I,J-1} - p'_{I,J}) \tag{3-108}$$

就像在 SIMPLE 算法中一样，将式(3-107)与式(3-108)代入连续方程(3-83)。产生与式(3-86)具有相同系数与源项的压力修正方程。求解该方程,产生第一个压力修正值 p'。一旦压力修正值已知,可通过方程(3-107)与方程(3-108)获得速度分量 u^{**} 和 v^{**}。

3. 第二修正步

为了强化 SIMPLE 算法的计算,PISO 要进行第二步的修正。u^{**} 和 v^{**} 的动量离散方程是:

$$a_{i,J}u_{i,J}^{**} = \sum a_{nb}u_{nb}^{*} + (p_{I-1,J}^{**} - p_{I,J}^{**})A_{i,J} + b_{i,J} \tag{3-109}$$

$$a_{I,j}v_{I,j}^{**} = \sum a_{nb}v_{nb}^{*} + (p_{I,J-1}^{**} - p_{I,J}^{**})A_{I,j} + b_{I,j} \tag{3-110}$$

注意式(3-109)和式(3-110)实际就是式(3-63)和式(3-64)。为引用方便,给出新的编号。

再次求解动量方程,可以得到两次修正的速度场(u^{***},v^{***})。

$$a_{i,J}u_{i,J}^{***} = \sum a_{nb}u_{nb}^{**} + (p_{I-1,J}^{***} - p_{I,J}^{***})A_{i,J} + b_{i,J} \tag{3-111}$$

$$a_{I,j}v_{I,j}^{***} = \sum a_{nb}v_{nb}^{**} + (p_{I,J-1}^{***} - p_{I,J}^{***})A_{I,j} + b_{I,j} \tag{3-112}$$

注意修正步中的求和项是用速度分量 u_{nb}^{**} 和 v_{nb}^{**} 来计算的。

现在,从式(3-111)中减去式(3-109),从式(3-112)中减去式(3-110),有:

$$u_{i,J}^{***} = u_{i,J}^{**} + \frac{\sum a_{nb}(u_{nb}^{**} - u_{nb}^{*})}{a_{i,J}} + d_{i,J}(p''_{I-1,J} - p''_{I,J}) \tag{3-113}$$

$$v_{I,j}^{***} = v_{I,j}^{**} + \frac{\sum a_{nb}(v_{nb}^{**} - v_{nb}^{*})}{a_{I,J}} + d_{I,J}(p''_{I,J-1} - p''_{I,J}) \tag{3-114}$$

其中,p'' 是压力的二次修正值。有了该记号,p^{***} 可表示为:

$$p^{***} = p^{**} + p'' \tag{3-115}$$

将 u^{***} 和 v^{***} 的表达式(3-109)和(3-112),代入连续方程(3-83),得到二次压力修正方程:

$$a''_{I,J}p_{I,J} = a_{I+1,J}p''_{I+1,J} + a_{I-1,J}p''_{I-1,J} + a_{I,J+1}p''_{I,J+1} + a''_{I,J-1}p_{I,J-1} + b''_{I,J}$$

$$\tag{3-116}$$

其中,$a_{I,J} = a_{I+1,J} + a_{I-1,J} + a_{I,J+1} + a_{I,J-1}$,可参考建立方程(3-86)同样的过程,写出各系数如下:

$$a_{I+1,J} = (\rho dA)_{i+1,J} \tag{3-117a}$$

$$a_{I-1,J} = (\rho dA)_{i,J} \tag{3-117b}$$

$$a_{I,J+1} = (\rho dA)_{i,j+1} \tag{3-117c}$$

$$a_{I,J-1} = (\rho dA)_{I,j} \tag{3-117d}$$

$$b''_{I,J} = \left(\frac{\rho A}{a}\right)_{i,J} \sum a_{nb}(u_{nb}^{**} - u_{nb}^{*}) - \left(\frac{\rho A}{a}\right)_{i+1,J} \sum a_{nb}(u_{nb}^{**} - u_{nb}^{*}) +$$

$$\left(\frac{\rho A}{a}\right)_{I,j} \sum a_{nb}(v_{nb}^{**} - v_{nb}^{*}) - \left(\frac{\rho A}{a}\right)_{I,j+1} \sum a_{nb}(v_{nb}^{**} - v_{nb}^{*}) \tag{3-117e}$$

下面对源项 b' 为何是式(3-117e)的形式,作简要分析和解释。

对比建立方程(3-86)的过程可以发现,式(3-117c)中的各项是在 u^{***} 和 v^{***} 的表达式(3-114)和(3-115)中存在 $\dfrac{\sum a_{nb}(u_{nb}^{**}-u_{nb}^{*})}{a_{i,J}}$ 和 $\dfrac{\sum a_{nb}(v_{nb}^{**}-v_{nb}^{*})}{a_{I,j}}$ 项所导致的,而在 u 和 v 的表达式(3-76)和(3-77)中没有这样的项,因此,式(3-86)不存在类似式(3-117e)中的各项。但式(3-86)存在另外一个源项,即 $[(\rho u^{*}A)_{i,J}-(\rho u^{*}A)_{i+1,J}+(\rho v^{*}A)_{I,j}-(\rho v^{*}A)_{I,j+1}]$,这是速度 u 和 v 的表达式(3-76)和(3-77)中的 u^{*} 与 v^{*} 项所导致的。按此推断,在式(3-117e)中也应该存在类似表达式 $[(\rho u^{**}A)_{i,J}-(\rho u^{**}A)_{i+1,J}+(\rho v^{**}A)_{I,j}-(\rho v^{**}A)_{I,j+1}]$。但是,由于 u^{**} 与 v^{**} 满足连续方程,因此,$[(\rho u^{**}A)_{i,J}-(\rho u^{**}A)_{i+1,J}+(\rho v^{**}A)_{I,j}-(\rho v^{**}A)_{I,j+1}]$ 为 0。

现在,求解方程(3-116)就可得到二次压力修正值 p''。这样,通过式就可得到二次修正的压力场:

$$p^{***}=p^{**}+p''\approx p^{*}+p'+p'' \tag{3-118}$$

最后,求解方程(3-113)与(3-114),得到二次修正的速度场。

在瞬态问题的非迭代计算中,压力场 p^{***} 与速度场 (u^{***},v^{***}) 被认定是准确的。对于稳态流动的迭代计算,PISO 算法的实施过程如图 3-10 所示。

PISO 算法要两次求解压力修正方程,因此,它需要额外的存储空间来计算二次压力修正方程中的源项。尽管该方法涉及较多计算,但对比发现,它的计算速度很快,总体效率比较高。FLUENT 的用户手册推荐,对于瞬态问题,PISIO 算法有明显的优势;而对于稳态问题,可能选 SIMPLE 算法或 SIMPLEC 算法更合适。

3.8.8　SIMPLE 系列算法的比较

SIMPLE 算法是 SIMPLE 系列算法的基础,目前在各种 CFD 软件中均提供这种算法。SIMPLE 的各种改进算法,主要是提高了计算的收敛性,从而缩短计算时间。

在 SIMPLE 算法中,压力修正值 p' 能够很好地满足速度修正的要求,但对压力修正不是十分理想。改进后的 SIMPLER 算法只用压力修正值 p' 来修正速度,另外构建一个更加有效的压力方程来确定压力场。由于在推导 SIMPLER 算法的离散化压力方程时,考虑所有变量的影响,因此所得到的压力场与速度场相适应。在 SIMPLER 算法中,正确的速度场将导致正确的压力场,而在 SIMPLE 算法中则不是这样。所以 SIMPLER 算法是在很高的效率下正确计算压力场的,这一点在求解动量方程时有明显优势。虽然 SIMPLER 算法的计算量比 SIMPLE 算法高出 30% 左右,但 SIMPLER 算法较快的收敛速度使得其计算时间比 SIMPLE 算法减少 30%～50%。

SIMPLEC 算法和 PISO 算法总体上与 SIMPLER 算法具有同样的计算效率,相互之间很难区分谁的高谁的低,对于不同类型的问题每种算法都有自己的优势。一般来讲,动量方程与标量方程(如温度方程)如果不是耦合在一起的,则 PISO 算法在收敛性方面显得很强势,且效率较高。而在动量方程与标量方程耦合非常密切时,SIMPLEC 算法和 SIMPLER 算法的效果可能更好些。

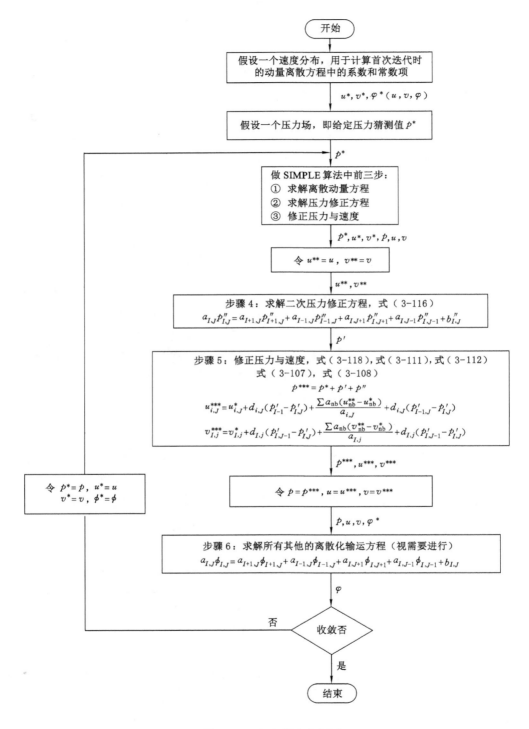

图 3-10　PISO 算法流程图

第4章　流动模拟

流体流动在自然界中广泛存在,在不同领域中均有出现,本章主要介绍使用FLUENT 软件模拟流体流动的现象,包括模型的建立,网格划分和边界条件的设定,利用FLUENT 软件对层流、湍流及多相流进行数值模拟分析。通过本章的学习,读者可对FLUENT 软件中流体流动现象的求解有更加深入的认识和理解,为求此类实际问题打下坚实的基础。

4.1　层流问题

4.1.1　层流简介

层流(laminar flow)是流体的一种流动状态,流体在流动时,其质点沿着流动方向做平滑直线运动,流体的质点间没有相互掺混,此种流动也被称为滞流或直线流动。层流现象较为简单,当流体的流速较低及管道较细时,多表现为层流。

4.1.2　层流问题模拟实例

计算两平行平板之间二维层流流动,流道尺寸如图 4-1 所示,平板高度为 100 mm,流道长度为 1 000 mm,流体域流体为空气,密度和黏度分别为 1.2 kg/m³ 和 4×10^{-5} kg/(m·s)。入口速度为 0.01 m/s,对应的雷诺数为 30。

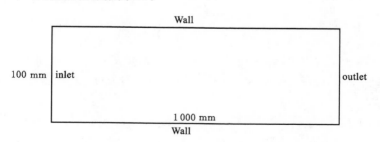

图 4-1　流道尺寸

4.1.2.1　模型建立

(1) 启动 GAMBIT,选择工作目录 D:\Fluent\laminar,绘制二维模型,如图 4-2 所示。绘制边界层,"Shift"＋鼠标左键点选上下边界层,最薄的一层网格(第一层网格)"First row" 厚度设置为"1",膨胀率"Growth factor"设置为"1.1",边界层网格总层数"Rows"设置成"8",边界层总厚度"Depth"设置为"11.42",如图 4-3 所示,完成设置,单击 Apply 。

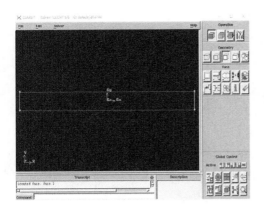

图 4-2　二维模型

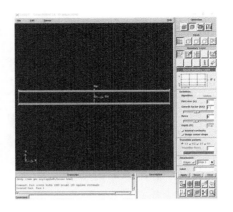

图 4-3　边界层厚度设置

（2）设置左右边界，网格点参数设置如图 4-4 所示。绘制上下边界网格端点，采用双边膨胀，即两边网格密，中间网格疏，如图 4-5 所示。

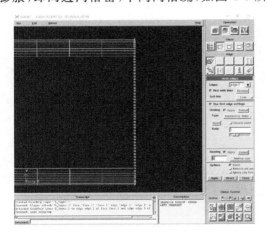

图 4-4　左右边界网格点设置

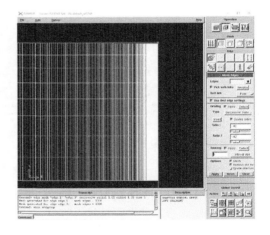

图 4-5　上下边界网格设置

（3）绘制二维模型全部网格，如图 4-6 所示，模型边界条件设置如图 4-7 所示。选取"face.1"给计算域命名，如图 4-8 所示。单击"File"→"Export"，输出二维".mesh"文件。

4.1.2.2　计算求解

（1）打开 FLUENT 软件，单击"File"→"Read"→"Case"，将"01.mesh"文件读入 FLUENT 软件中。单击"Check"检查网格，单击"Scale"修改单位为"mm"，如图 4-9 所示，设置并显示网格如图 4-10 所示。

（2）单击"Models"，选择"Viscous Model"，点选"Laminar"，单击"OK"。单击"Materials"，在"Material Type"中选择"fluid"，在"name"中输入"air"，"Properties"设置如图 4-11 所示，单击"Close"。

（3）打开边界设置"Boundary Conditions"，将入口速度设置为 0.01 m/s，如图 4-12 所示。

（4）初始化设置，单击"Solution Initialization"，在"Compute From"中选择"all-zones"，

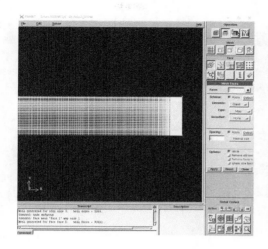

图 4-6　模型网格划分

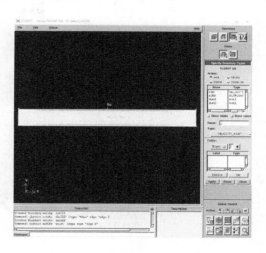

图 4-7　模型边界条件设置

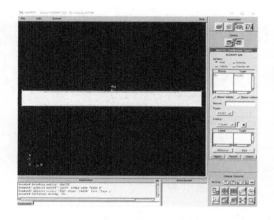

图 4-8　计算域设置

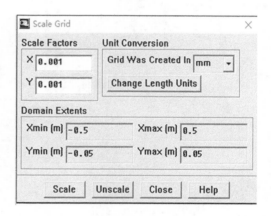

图 4-9　尺寸单位设置

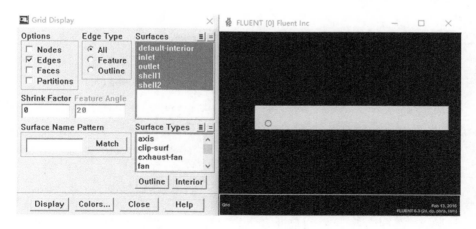

图 4-10　网格划分

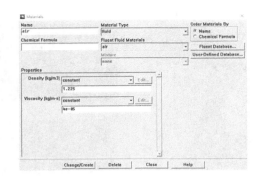

图 4-11　材料参数设置

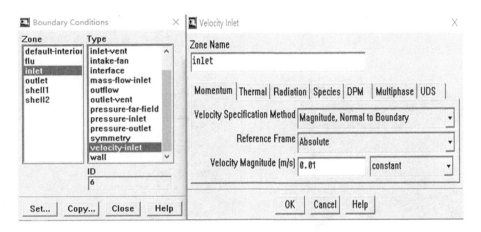

图 4-12　边界条件设置

其他为默认值,单击"Init",如图 4-13 所示。迭代步数"Number of Iterations"设置为"100",其他设置为默认值,如图 4-14 所示。

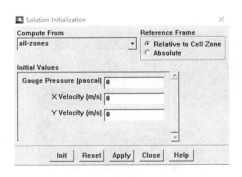

图 4-13　初始化设置

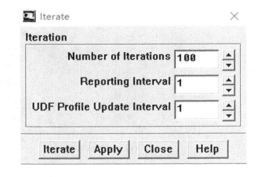

图 4-14　迭代步数设置

(5) 计算 16 步时各项残差均已小于 10^{-3},计算已收敛,计算结果及云图如图 4-15 所示。

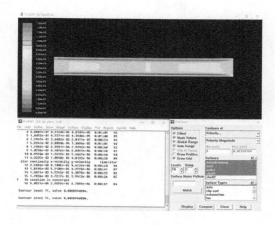

图 4-15 计算结果及云图

4.2 湍流问题

4.2.1 湍流简介

当流体处于湍流状态时,流层间的流体质点相互掺混。湍流会使流体介质间相互交换动力、能量和物质,并且变化是小尺度、高频率的,因此在实际工程计算中直接模拟湍流对计算机的性能的要求非常高,大多数情况下不能直接模拟。

4.2.2 湍流模型选择

湍流计算时,FLUENT 常采用 Spalart-Allmaras 模型、标准 k-ε 模型、RNG k-ε 模型、标准 k-ω 模型、雷诺应力模型和大涡旋(LES)模型等。在 FLUENT 中要根据具体工况选择湍流模型。

4.2.2.1 Spalart-Allmaras(SA)模型

在湍流模型中利用 Boussinesq 逼近,核心问题是如何计算漩涡黏度。而由 Spalart 和 Allmaras 提出的 Spalart-Allmaras 模型,主要用来解决因湍流黏滞率而修改的数量方程,适用于带有层流流动的固壁湍流流动的一方程模式,可以表示近壁(黏度影响)区域以外的湍流运动黏度。该模型选用的因变量是与涡黏性 v_T 相关的量 v,除在黏性层外,v_T 和 v 是相等的。Spalart-Allmaras 模型方程如式(4-1)所示。

$$\rho \frac{\mathrm{d}\tilde{v}}{\mathrm{d}t} = G_v + \frac{1}{\sigma_{\tilde{v}}} \left[\frac{\partial}{\partial x_j} \left\{ (\mu_t + \rho\tilde{v}) \frac{\partial \tilde{v}}{\partial x_j} \right\} + C_{b2} \left(\frac{\partial \tilde{v}}{\partial x_j} \right)^2 \right] - Y_v \qquad (4-1)$$

式中,ρ 是密度;G_v 是湍流黏度产生项;Y_v 是由于壁面阻挡与黏度阻尼引起的湍流黏度的减小项;$\sigma_{\tilde{v}}$ 和 C_{b2} 是常数;$\tilde{v}$ 是分子运动黏度的分量;μ_t 为湍流系数,由式(4-2)计算:

$$\mu_t = \rho\tilde{v} f_{v1} \qquad (4-2)$$

式中,f_{v1} 是黏度阻尼函数,可表示为:

$$f_{v1} = \frac{\chi^3}{\chi^3 + C_{v1}^3} \qquad (4-3)$$

$$\chi \equiv \frac{\tilde{v}}{v} \tag{4-4}$$

$$G_{\mathrm{v}} = C_{\mathrm{b1}} \rho \tilde{v} \tilde{S} \tag{4-5}$$

$$\tilde{S} \equiv S + \frac{\tilde{v}}{k^2 d^2} f_{\mathrm{v2}} \tag{4-6}$$

$$f_{\mathrm{v2}} = 1 - \frac{\chi}{\chi f_{\mathrm{v1}}} \tag{4-7}$$

$$S = \sqrt{2\Omega_{ij}\Omega_{ij}} \tag{4-8}$$

$$\Omega_{ij} = \frac{1}{2}\left(\frac{\partial u_j}{\partial x_i} - \frac{\partial u_i}{\partial x_j}\right) \tag{4-9}$$

式中,f_{v1}是黏度阻尼函数,它描述了黏度对流体流动的阻尼效果,其中 χ 是流动速度,v 是流体的黏度,C_{v1}是常数;G_{v}是用于计算黏性阻尼的参数;C_{b1}是常数;ρ 是流体的密度;$\tilde{S}$ 是一个中间量;f_{v2}是与黏度阻尼函数 f_{v1}相关的一个辅助函数;S 是速度梯度的标量值;Ω_{ij}是速度梯度张量的某些分量,其中 u_i 和 u_j 是速度分量,x_i 和 x_j 是空间坐标分量。这些表达式描述了流体力学领域中与黏度、阻尼和速度梯度相关的一些函数和参数。

FLUENT 软件中,考虑到平均应变率对湍流的产生起到很大作用,$S = |\Omega_{ij}| + 2\min(0,|S_{ij}| - |\Omega_{ij}|)$,$|S_{ij}| = \sqrt{2S_{ij}S_{ij}}$,平均应变率 $S_{ij} = \frac{1}{2}\left(\frac{\partial u_j}{\partial x_i} + \frac{\partial u_i}{\partial x_j}\right)$。

湍流黏度减小项由式计算:

$$Y_{\mathrm{v}} = C_{\mathrm{w1}} \rho f_{\mathrm{w}} \left(\frac{\tilde{v}}{d}\right)^2 \tag{4-10}$$

$$f_{\mathrm{w}} = g\left(\frac{1+C_{\omega 3}^6}{g^6 + C_{\omega 3}^6}\right)^{\frac{1}{6}} \tag{4-11}$$

$$g = r + C_{\omega 2}(r^6 - r) \tag{4-12}$$

$$r = \min\left(\frac{\tilde{v}}{\tilde{S}k^2 d^2}, 10\right) \tag{4-13}$$

式中,d 是计算点到壁面的距离,FLUENT 软件中对上述模型中常数规定如下 $C_{\mathrm{b1}} = 0.1335$,$C_{\mathrm{b2}} = 0.622$,$\sigma_{\tilde{v}} = 2/3$,$C_{\omega 1} = C_{\mathrm{b1}}/k^2 + (1+C_{\mathrm{b2}})/\sigma_{\tilde{v}}$,$C_{\omega 2} = 0.3$,$C_{\omega 3} = 2.0$,$k = 0.41$。

4.2.2.2 标准 k-ε 模型

标准 k-ε 模型应用范围最广,模型本身具有稳定性、经济性和比较高的计算精度。标准 k-ε 模型需要求解湍流动能方程和耗散率方程。通过动能和耗散率计算黏度,最终通过 Boussinesq 假设得到雷诺应力的解。湍流动能方程是通过精确的方程得到的,但耗散率方程是通过物理推理、数学上模拟相似原形方程得到的。该模型假设流动为完全湍流,分析黏性的影响可忽略。因此,标准 k-ε 模型只适合完全湍流的流动过程模拟,标准 k-ε 模型的湍流动能 k 方程和耗散率 ε 方程如下:

$$\rho \frac{\mathrm{d}k}{\mathrm{d}t} = \frac{\partial}{\partial x_i}\left[\left(\mu + \frac{\mu_i}{\sigma_{\mathrm{k}}}\right)\frac{\partial k}{\partial x_i}\right] + G_{\mathrm{k}} + G_{\mathrm{b}} - \rho\varepsilon - Y_{\mathrm{M}} + S_{\mathrm{k}} \tag{4-14}$$

$$\rho \frac{\mathrm{d}\varepsilon}{\mathrm{d}t} = \frac{\partial}{\partial x_i}\left[\left(\mu + \frac{\mu_{\mathrm{t}}}{\sigma_{\varepsilon}}\right)\frac{\partial\varepsilon}{\partial x_i}\right] + C_{1\varepsilon}\frac{\varepsilon}{k}(G_{\mathrm{k}} + C_{3\varepsilon}G_{\mathrm{b}}) - C_{2\varepsilon}\rho\frac{\varepsilon^2}{k} + S_{\varepsilon} \tag{4-15}$$

式中，G_k 为平均速度梯度引起的湍流动能产生项；G_b 为由于浮力影响引起的湍流动能产生项；Y_M 为可压缩湍流脉冲膨胀对总的耗散率的影响；μ_t 为湍流黏度；S_k 和 S_ε 是用户定义的源项。

湍流动能产生项计算方程为：

$$G_k = -\rho \, \mu_i{}' \mu_j{}' \, \frac{\partial u_j}{\partial x_i} \tag{4-16}$$

$$G_b = \beta g_i \, \frac{\mu_t}{Pr_t} \frac{\partial T}{\partial x_i} \tag{4-17}$$

式中，Pr_t 是普朗特数；β 为热膨胀系数，可表示为 $\beta = -\dfrac{1}{\rho} \left(\rho \dfrac{\partial \rho}{\partial T} \right)_p$，对于理想气体，浮力引起的湍流动能产生项 $G_b = -g_i \dfrac{\mu_t}{Pr_t} \dfrac{\partial T}{\partial x_i}$。

湍流黏度计算方程为：

$$\mu_t = \rho C_\mu \, \frac{k^2}{\varepsilon} \tag{4-18}$$

FLUENT 软件中计算默认常数规定如下：$C_{1\varepsilon} = 1.44$，$C_{2\varepsilon} = 1.92$，$C_{3\varepsilon} = 0.09$，湍流动能与耗散率的湍流普朗特数为 $\sigma_k = 1.0$。

4.2.2.3　RNG k-ε 模型

RNG 标准 k-ε 模型是对 Navier-Stokes 方程用重整化群的数学方法推导出来的模型，方程如：

$$\rho \, \frac{\mathrm{d}k}{\mathrm{d}t} = \frac{\partial}{\partial x_i} \left[\left(\frac{1}{\sigma_k} \mu_{\text{eff}} \right) \frac{\partial k}{\partial x_i} \right] + G_k + G_b - \rho\varepsilon - Y_M + S_k \tag{4-19}$$

$$\rho \, \frac{\mathrm{d}\varepsilon}{\mathrm{d}t} = \frac{\partial}{\partial x_i} \left[\left(\frac{1}{\alpha_\varepsilon} \mu_{\text{eff}} \right) \frac{\partial \varepsilon}{\partial x_i} \right] + C_{1\varepsilon} \frac{\varepsilon}{k} (G_k + C_{3\varepsilon} G_b) - C_{2\varepsilon} \rho \frac{\varepsilon^2}{k} - R + S_\varepsilon \tag{4-20}$$

湍流黏度计算方程为：

$$\mathrm{d} \left(\frac{\rho^2 k}{\sqrt{\varepsilon\mu}} \right) = 1.72 \, \frac{\tilde{v}}{\sqrt{\tilde{v}^3 - 1 - C_v}} \mathrm{d}\tilde{v} \tag{4-21}$$

式中，$\tilde{v} = \dfrac{\mu_{\text{eff}}}{\mu}$（其中，$\mu_{\text{eff}}$ 表示有效黏度），$C_v \approx 100$。

在 FLUENT 中，使用 RNG 群标准 k-ε 模型默认设置时，针对的是高雷诺数流体问题计算。对低雷诺数问题进行数值计算，需要进行相应的设置。普朗特数 $Pr_t = \mu C_p / k$；S_k 和 S_ε 是用户定义的源项。

4.2.2.4　可实现 k-ε 模型

可实现 k-ε 模型求解湍流动能方程和耗散率方程计算公式如下：

湍流动能方程：

$$\frac{\partial(\rho k)}{\partial t} + \frac{\partial(\rho u k)}{\partial x_i} = \frac{\partial}{\partial x_j} \left[\left(\mu_{\text{eff}} + \frac{\mu_t}{\sigma_k} \right) \times \frac{\partial k}{\partial x_j} \right] - \rho\varepsilon + S \tag{4-22}$$

式中，ρ 是流体密度；k 是湍流动能；u 是速度分量；t 是时间；x_i 和 x_j 是空间坐标；μ_{eff} 是有效黏度；μ_t 是湍流黏度；σ_k 是湍流动能数；S 是源项。

耗散率方程：

$$\frac{\partial(\rho\varepsilon)}{\partial t} + \frac{\partial(\rho u\varepsilon)}{\partial x_i} = \frac{\partial}{\partial x_i}\left[\left(\mu_{\text{eff}} + \frac{\mu_{\text{t}}}{\sigma_\varepsilon}\right) \times \frac{\partial_\varepsilon}{\partial x_j}\right] + C_1\frac{k}{\varepsilon} - C_2\rho\frac{\varepsilon^2}{k} + S_\varepsilon \quad (4\text{-}23)$$

其中,ε 是湍流耗散率,C_1 和 C_2 是经验常数,通常取为 1.44 和 1.92,其他变量的含义与湍流动能方程相似。

湍流黏度计算方程为 $\mu_{\text{t}} = \rho C_\mu \dfrac{k^2}{\varepsilon}$,其中,$C_\mu$ 计算如下式所示:

$$C_\mu = \frac{1}{A_0 + A_S\dfrac{U*k}{\varepsilon}} \quad (4\text{-}24)$$

$$U^* = \sqrt{S_{ij}S_{ij} + \widetilde{\Omega}_{ij}\widetilde{\Omega}_{ij}} \quad (4\text{-}25)$$

$$\widetilde{\Omega}_{ij} = \Omega_{ij} - 2\varepsilon_{ijk}\omega_k \quad (4\text{-}26)$$

$$\Omega_{ij} = \overline{\Omega}_{ij} + 2\varepsilon_{ijk}\omega_k \quad (4\text{-}27)$$

式中,U^* 为无量纲速度,表示流体流动的特征速度;k 为湍流动能,表示单位质量流体的湍流动能;ε 为湍流耗散率,表示单位质量流体的湍流能量耗散率;S_{ij} 为速度梯度张量的对称部分,表示速度场的剪切率;$\widetilde{\Omega}_{ij}$ 表示在角速度 ω_k 旋转参考系下的平均旋转张量率。A_0 为无量纲常数,表示涡黏性项的系数,$A_0 = 4.04$;A_S 也是无量纲常数,表示剪切层的影响因素,$A_S = \sqrt{6}\cos\phi$,其中 $\phi = \dfrac{1}{3}\arccos(\sqrt{6}W)$,$W = \dfrac{S_{ij}S_{jk}S_{ki}}{\widetilde{S}}$,$\widetilde{S} = \sqrt{S_{ij}S_{ij}}$,$S_{ij} = \dfrac{1}{2}$ $\left(\dfrac{\partial\mu_j}{\partial x_i} + \dfrac{\partial\mu_i}{\partial x_j}\right)$。在平衡边界惯性底层,$C_\mu = 0.09$;在可实现 $k\text{-}\varepsilon$ 模型中,默认 $Pr_t = 0.85$,其他字母含义同标准 $k\text{-}\varepsilon$ 模型。

可实现 $k\text{-}\varepsilon$ 模型适合有旋均匀剪切流、自由流(射流和混合层)、腔道流动和边界层流动,且比标准 $k\text{-}\varepsilon$ 模型计算结果好。当采用可实现 $k\text{-}\varepsilon$ 模型模拟圆口射流和平板射流时,能给出较好的射流扩张角。

标准 $k\text{-}\varepsilon$ 模型,RNG $k\text{-}\varepsilon$ 模型和可实现 $k\text{-}\varepsilon$ 模型的区别为:① 计算湍流黏度的方法不同;② 控制湍流扩散的湍流普朗特数不同;③ ε 方程中的产生项和 G_k 的关系不同。

4.2.2.5 标准 $k\text{-}\omega$ 模型

标准 $k\text{-}\omega$ 模型是基于 Wilcox $k\text{-}\omega$ 模型,考虑了低雷诺数、可压缩性和剪切流传播而修改的。该模型能较好地处理近壁处低雷诺数的数值计算,标准 $k\text{-}\omega$ 模型的湍流动能和耗散率方程如下:

$$\rho\frac{\mathrm{d}k}{\mathrm{d}t} + \rho\frac{\partial(ku_i)}{\partial x_i} = \frac{\partial}{\partial x_j}\left(T_k\frac{\partial k}{\partial x_j}\right) + G_k - Y_k + S_k \quad (4\text{-}28)$$

$$\rho\frac{\mathrm{d}\omega}{\mathrm{d}t} + \rho\frac{\partial(\omega u_i)}{\partial x_i} = \frac{\partial}{\partial x_j}\left(T_\omega\frac{\partial k}{\partial x_j}\right) + G_\omega - Y_\omega + S_\omega \quad (4\text{-}29)$$

式中,G_k 是由层流速度梯度而产生的湍流动能;G_ω 是由 ω 方程产生的湍流动能;T_k 和 T_ω 是 k 和 ω 的扩散率;Y_k 和 Y_ω 是由扩散而产生的湍流;S_k 和 S_ω 是用户定义的源项。

4.2.2.6 SST $k\text{-}\omega$ 模型

SST $k\text{-}\omega$ 模型对近壁区流动计算较为准确,又适用于自由流,是将 $k\text{-}\varepsilon$ 模型转化成 $k\text{-}\omega$ 模型,通过函数 F_1 对原始 $k\text{-}\omega$ 模型和转换后的 $k\text{-}\varepsilon$ 模型进行加权平均,然后相加得到 BSL

k-ω 模型。SST k-ω 模型在 BSL k-ω 模型的基础上，修正了逆压梯度边界层流动的涡度定义。

对原始 k-ω 模型和转换后的 k-ε 模型进行加权和平均，得到以下模型：

$$\frac{\partial}{\partial t}(\rho k) = \tau_{ij}\frac{\partial u_i}{\partial x_j} - \beta^* \rho \omega k + \frac{\partial}{\partial x_j}\left[(\mu + \sigma_k u_t)\frac{\partial k}{\partial x_j}\right] \tag{4-30}$$

$$\frac{\partial}{\partial t}(\rho \omega) = \frac{\gamma}{\upsilon_t}\tau_{ij}\frac{\partial u_i}{\partial x_j} - \beta\rho\omega^2 + \frac{\partial}{\partial x_j}\left[(\mu + \sigma_\omega u_t)\frac{\partial \omega}{\partial x_j}\right] +$$

$$2\rho(1-F_1)\sigma_{\omega 2}\frac{1}{\omega}\frac{\partial k}{\partial x_j}\frac{\partial \omega}{\partial x_j} \tag{4-31}$$

式中，$u_t = \dfrac{\rho a_1 k}{\max(a_{1\omega}, \Omega F_2)}$，$\upsilon_t = \dfrac{u_t}{\rho} = \dfrac{a_1 k}{\max(a_{1\omega}, \Omega F_2)}$，$F_2 = \tan g \arg_2^2$，$\arg_2 = \max\left(\dfrac{2\sqrt{k}}{\beta^* \omega d}, \dfrac{500\upsilon}{d^2\omega}\right)$，$F_1 = \tanh \arg_1^4$，$\arg_1 = \min\left[\max\left(\dfrac{\sqrt{k}}{\beta^* \omega d}, \dfrac{500\upsilon}{d^2\omega}\right), \dfrac{4\rho\sigma_{\omega 2} k}{CD_{k\omega} d^2}\right]$，$CD_{k\omega} = \max\left(2\dfrac{\rho\sigma_{\omega 2}}{\omega}\cdot\dfrac{\partial k}{\partial x_j}\cdot\dfrac{\partial \omega}{\partial x_j}, 10^{-20}\right)$

β^*，β，γ，σ_k，$\sigma_{\omega 1}$，$\sigma_{\omega 2}$ 和 a_1 为经验常数，对于任何常数 ϕ，均可表示为：

$$\phi = F_1\phi_1 + (1+F_1)\phi_2 \tag{4-32}$$

式中，ϕ_1 指的是内层常数值；ϕ_2 为外层常数值。

4.2.2.7　雷诺应力模型

雷诺应力模型是求解雷诺应力张量各个分量的输运方程，雷诺应力模型中不采用涡黏度的各向同性假设和 Boussinesq 假设，直接求解雷诺平均 N-S 方程中的雷诺应力项，同时求解耗散率方程，在二维问题中需要求解 5 个附加方程，在三维方程中要求解 7 个附加方程。雷诺应力模型适用于具有明显各向异性特点的流动问题，如龙卷风、燃烧室内流动等带有强烈旋转的流动问题，其具体形式为：

$$\frac{\partial}{\partial t}(\rho \overline{u_i u_j}) + \frac{\partial}{\partial x_k}(\rho U_k \overline{u_i u_j}) = D_{ij} + \varphi_{ij} + G_{ij} - \varepsilon_{ij} \tag{4-33}$$

式中，D_{ij}，φ_{ij}，G_{ij} 和 ε_{ij} 分别为扩散项、压力应变项、浮力产生项和耗散项，计算公式分别为：

$$D_{ij} = -\frac{\partial}{\partial t}\left[\rho\overline{u_i u_j u_k} + \overline{p u_j}\delta_{ik} + \overline{p u_i}\delta_{ik} - u\frac{\partial}{\partial x_k}\overline{u_i u_j}\right] \tag{4-34}$$

$$\varphi_{ij} = \overline{p\left(\frac{\partial u_i}{\partial x_j} + \frac{\partial u_j}{\partial x_i}\right)} \tag{4-35}$$

$$G_{ij} = \rho\left(\overline{u_i u_k}\frac{\partial u_j}{\partial x_k} + \overline{u_j u_k}\frac{\partial u_i}{\partial x_k}\right) \tag{4-36}$$

$$\varepsilon_{ij} = 2u\overline{\frac{\partial u_i}{\partial x_k}\frac{\partial u_j}{\partial x_k}} \tag{4-37}$$

需要将 D_{ij}，φ_{ij}，G_{ij} 和 ε_{ij} 进行模拟以封闭方程。

（1）湍流扩散模型

FLUENT 中采用标量湍流扩散模型

$$D_{ji}^T = \frac{\partial}{\partial x_k}\left(\frac{\rho C_\mu k^2}{\varepsilon\sigma_k}\frac{\partial \overline{u_i u_j}}{\partial x_k}\right) \tag{4-38}$$

式中，$\sigma_k = 0.82$。

（2）压力应变项 φ_{ij}

压力应变项可以分解为三项，即 $\varphi_{ij} = \varphi_{ij1} + \varphi_{ij2} + \varphi_{ijw}$。其中 φ_{ij1} 只含脉动量而与平均流参数无关，所体现的湍流脉动场的作用是使各个方向的雷诺应力趋于相等，即趋于各向同性化；φ_{ij2} 代表平均流畅与湍流脉动场的相互作用，常被称作快速项；φ_{ijw} 代表壁面反射项，体现固壁边界影响的表面积分项。

（3）耗散项 ε_{ij}

耗散项主要决定于小尺度涡运动。理论和实验均证明，在高雷诺数条件下，小尺度涡团结构接近于各向同性，可忽略各向异性的耗散，即湍流切应力趋向于零，而黏性作用只引起湍流正应力，即湍能的耗散。耗散张量可模拟为下式：

$$\varepsilon_{ij} = \frac{1}{2}\delta_{ij}(\rho + Y_M) \tag{4-39}$$

式中，$Y_M = 2\rho\varepsilon Ma^2$（$Ma$ 是马赫数）；标量耗散率 ε 用标准 k-ε 模型中采用的耗散率输运方程求解。

4.2.2.8 大涡模型（LES）

采用大涡模型进行模拟时，常做如下基本假定：① 由大涡输送动量、能量、质量及其他标量；② 流动的几何和边界条件决定了大涡的特性，而流动特性也主要在大涡中体现；③ 小尺度涡旋受几何和边界条件影响较小，并且各向同性。大涡模拟法是指对湍流脉动部分的直接模拟，将湍流运动的 N-S 方程在一个小空间域内进行平均（或称之为滤波），以便从流场中去掉小尺度涡，导出大涡所满足的方程：

$$\frac{\partial \rho}{\partial t} + u\frac{\partial \rho \overline{u_i}}{\partial x_i} = 0 \tag{4-40}$$

$$\frac{\partial}{\partial t}(\rho \overline{u_i}) + \frac{\partial}{\partial x_j}(\rho \overline{u_i} \, \overline{u_j}) = \frac{\partial}{\partial x_j}\left(\mu \frac{\partial \overline{u_i}}{\partial x_j}\right) - \frac{\partial \overline{p}}{\partial x_j} - \frac{\partial \tau_{ij}}{\partial x_j} \tag{4-41}$$

式中，τ_{ij} 为亚网格应力，$\tau_{ij} = \rho \overline{u_i u_j} - \rho \overline{u_i} \cdot \overline{u_j}$；$\overline{p}$ 是压力。

4.2.3 湍流问题模拟实例

一个 10 m×5 m 的瀑布垂直下落 1 m，遇一个直径为 20 cm 的圆柱形石块，已知水流速度为 1 m/s，试分析突出的石块对水流的影响。

4.2.3.1 模型建立

（1）启动 GAMBIT，选择工作目录 D:\Fluent\Tuanliu。

（2）单击"Geometry" ▣ → "Face" ▣ → "Greate Real Rectangular" ▣，在"Width"中输入"5"，在"Height"中输入"10"。单击 Apply ，生成矩形面。鼠标右键单击"Face" ▣，"Greate Real Circular Face" ▣，在"Radius"输入 0.1，单击 Apply ，计算流域简图见图 4-16。

（3）单击"Geometry" ▣ → "Face" ▣ → "Move/Copy Faces" ▣，出现对话框，选取要移动的面，如图 4-17 所示。

在 GAMBIT 中默认选择"Move"和"Translate"。在 Global（全局）和 Local（本地）坐标中，y 坐标中输入 4，单击 Apply ，圆圈即上移 4 m，如图 4-18 所示。

图 4-16　计算流域简图

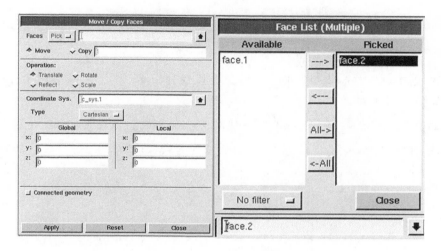

图 4-17　移动圆圈设置

图 4-18　圆圈移动后位置

（4）右键单击"Face"中的"Subtract Real Faces"选项，弹出对话框，在"Face"列表中选择矩形面域，在"Subtract Faces"中选择圆面域，单击，将小圆从矩形面域中减去。

4.2.3.2　网格划分

（1）单击"Mesh" → "Edge" → "Mesh Edge" 出现界面如图 4-19 所示，在

"Edge"黄色区域内选择线段"edge.6"小圆周线,选择"Interval Count"的划分方式,并在左边输入 80,其他选项保持默认,单击 Apply ,完成对小圆周线的网格点设置,如图 4-19 所示。

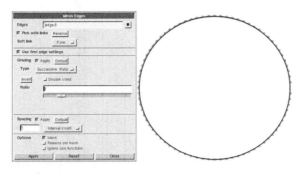

图 4-19　小圆周线网格点设置

（2）采用同样的方式,将矩形的上下两条线段划分为 40 等份,将左右两条线段划分为 80 等份,如图 4-20 所示。

（3）单击"Mesh" ▦ → "Face" ⬚ → "Mesh Faces" ▧ ,在"Faces"对话框中选择 "Face.1",选择"Tri,Pave"类型划分方式,其他设置为默认值,单击 Apply ,计算域网格划分如图 4-21 所示。

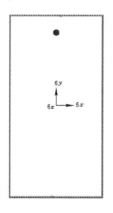

图 4-20　矩形边界网格点设置　　　　　　　　图 4-21　计算域网格划分

（4）单击"Zones" 🖳 → "Specify Boundary Types" ▦ ,弹出对话框,在"Name"栏中输入要选取的边的名字,本例中命名为"in",在"Type"选项中选取"VELOCITY_INLET",在 "Entity"中"Edges"选项栏中选取矩形的上边界（也可通过＜SHIFT＞键并单击选取需要选择的线）,单击 Apply 。同样的方式,将矩形下边界命名为"out",在"Type"选项中选取 "PRESSURE_OUTLET",单击 Apply 。小圆壁面周长定义为"WALL",命名为"C-wall",矩形左右两条边界定义为"WALL",命名为"wall",如图 4-22 所示。

（5）输出网格文件,单击标题栏中的"Solver",选取"FLUENT 5/6",单击"File" → "Export" → "Mesh"命令,在文件名中输入"tuanliu.msh",点选"Export 2-D(X-Y)Mesh",

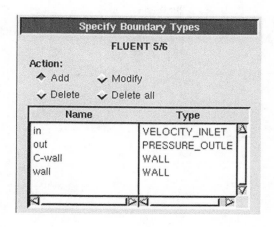

图 4-22 边界类型设置

输出二维模型网格文件。

4.2.3.3 计算求解

（1）启动 FLUENT 软件，在弹出的"FLUENT Version"对话框中选择二维计算器，单击"Run"。

（2）执行"File"→"Read"→"Case"命令，将"tuanliu.mesh"文件读入 FLUENT 软件中。单击"Check"检查网格，单击"Scale"弹出对话框，计算单位设置如图 4-23 所示，本例题不需要修改网格单位。

（3）单击菜单栏中的"Define"→"Models"→"Solver"，采用默认设置，如图 4-24 所示。

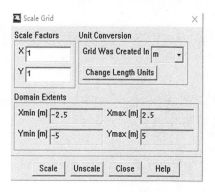

图 4-23 计算单位设置

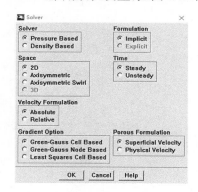

图 4-24 计算参数设置

单击菜单栏中的"Define"→"Operating Conditions"→"Gravity"中"Y"设置成 -9.81，其他采用默认设置，如图 4-25 所示。

（4）单击菜单栏中的"Define"→"Models"→"Viscous"选择 k-epsilon[2 eqn]，在"Near-Wall Treatment"中选择"Non-Equilibrium Wall Functions"，其他采用默认设置，如图 4-26 所示。

（5）单击菜单栏中的"Define"→"Materials"命令。单击"Fluent Database"，在"Fluent Fluid Materials"中选择"water-liquid[h2o<l>]"，如图 4-27 所示。

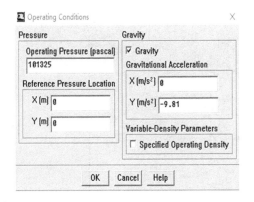

图 4-25　重力加速度设置　　　　　　　图 4-26　模型及参数设置

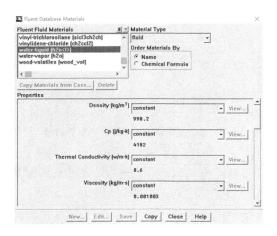

图 4-27　流体选择

单击"Copy"按钮,在"Materials"中的"Fluent Fluid Materials"中选择"water-liquid[h2o
<l>]",单击"Change/Create"按钮,流体参数如图 4-28 所示。

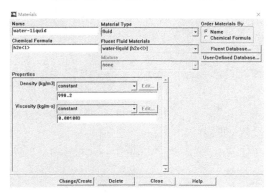

图 4-28　流体参数设置

（6）单击菜单栏中"Define" → "Boundary Conditions"中单击"fluid" → "Type"中选择"fluid"，单击"Set..."按钮，出现对话框，流体域如图 4-29 所示。在"Edit..."中选择"water-liquid"，单击"OK"。

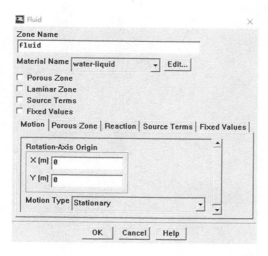

图 4-29　流体域设置

（7）单击菜单栏中"Define" → "Boundary Conditions"中单击"in"，在"Type"中单击"velocity-inlet"，单击"Set..."按钮，出现对话框，入口边界参数设置如图 4-30 所示。

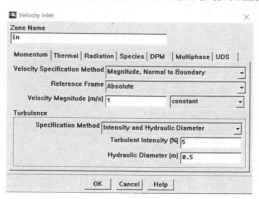

图 4-30　入口边界参数设置

（8）单击菜单栏中"Define" → "Boundary Conditions"中单击"out"，在"Type"中单击"pressure-outlet"设置，出口设置如图 4-31 所示。

（9）单击菜单栏中"Solver"，单击"Controls"出现"Solution Controls"对话框，全部为默认设置，如图 4-32 所示，单击"OK"。

（10）单击菜单栏中"Solver"，单击"Initialize"命令，出现"Solution Initialization"对话框，在"Compute From"栏中选择"in"，对进口进行初始化设置，如图 4-33 所示。

（11）单击菜单栏中的"Solver"单击"Monitors"命令中的"Residual"命令，在"Residual Monitors"中点选"Plot"，其他为默认设置，如图 4-34 所示。

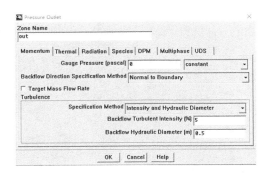

图 4-31   出口边界设置

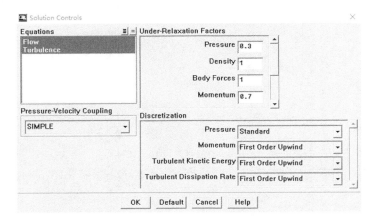

图 4-32   计算控制条件设置

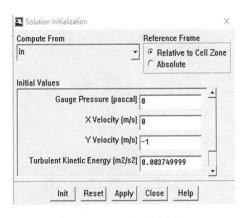

图 4-33   进口初始化设置

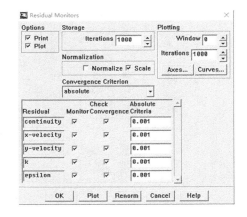

图 4-34   计算监控点设置

（12）单击菜单栏中"Report"中"Reference Values"，在"Computer From"中选择"in"，如图 4-35 所示，单击"OK"。

（13）单击菜单栏中的"Solver"中"Iterate"，在"Number of iteration"中输入"400"，单击 Iterate 按钮，进行计算。

（14）单击菜单栏中"Display"中的"Contours"，计算结果显示设置如图 4-36 所示，单击"Display"。压强分布云图见图 4-37，速度云图见图 4-38。

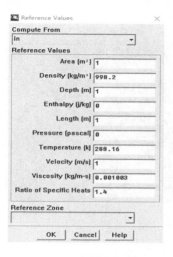

图 4-35　计算报告设置

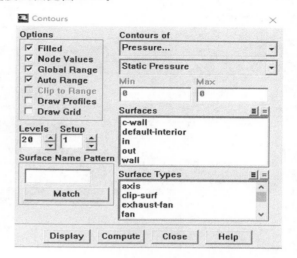

图 4-36　计算结果显示设置

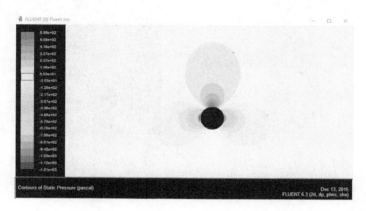

图 4-37　压力云图

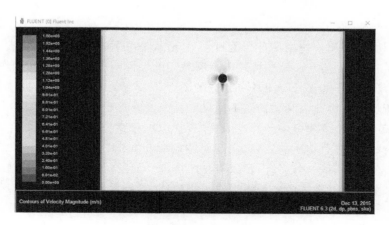

图 4-38　速度云图

在"Display"中选择"Vectors",默认设置如图 4-39 所示,得到速度矢量云图,如图 4-40 所示。选择"Surfaces"中的"C-wall",其他设置如图 4-41 所示,单击"Plot",表面压力散点图如图 4-42 所示。

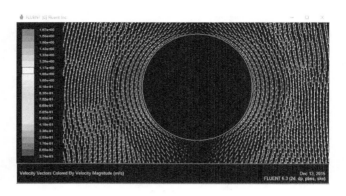

图 4-39 速度矢量显示设置

图 4-40 速度矢量云图

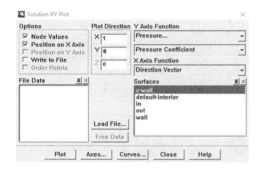

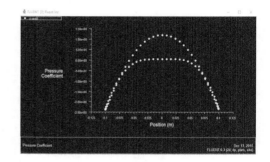

图 4-41 小圆边缘压力分布规律设置

图 4-42 小圆边缘压力分布规律

4.3 多相流问题

自然界中物质常以三种相态存在,即气态、液态和固态。在实际工程中,会遇到大量的多相流动问题。多相流中的相具有广泛的意义,通常情况下,多相流中的相被定义为具有相同类别的物质,该类物质在所处的流动中具有特定的惯性响应并与流场相互作用。例如,相同材料、相同尺寸粒子的集合对流场有相似的动力学响应。但不同尺寸的粒子对流场的动力响应会有所不同。因此,相同材料、不同尺寸粒子可以看成多相。

FLUENT 在多相流建模中计算应用较广,它可以模拟三相混合物,如泥浆气泡柱和喷淋床;可以模拟相间传热传质的流动,实现对均匀相与非均匀相的模拟。FLUENT 丰富的模拟能力可以使设计者洞察设计内难以探测的现象。如欧拉多相流模型通过分别求解各相的流动方程来分析相互渗透的各种流体或各相流体,对颗粒相流体则采用特殊的物理模型进行模拟。

4.3.1　多相流模型

FLUENT 提供了离散相模型、VOF 模型(volume of fluid model)、混合模型(混合 model)及欧拉模型(欧拉 model)4 种主要模型。

4.3.1.1　离散相模型

离散相是用于拉格朗日参考系下粒子、液滴或气泡轨迹的计算,连续气体相中,粒子可以传递热、质量和运动,每一条轨迹由一系列初始属性相同的粒子组成。离散相模型多应用于气旋、喷雾干燥器、粒子的分离与分类、浮质散布、液体燃料以及煤的燃烧等。

4.3.1.2　VOF 模型

VOF 模型是基于固定欧拉网格下建立的表面跟踪办法。该模型适用于需要得到一种或多种互不相溶的流体(或相)的界面。在 VOF 模型中,不同流体组分共用一套动量方程,通过引入相体积分数,实现对每个计算单元相界面的追踪。在每个控制容积内,所有相体积分数额总和为 1。所有变量及其属性的区域被各自共享并且代表了容积平均值,给定的任意单元内的变量及其属性代表一相或相的混合,取决于容积比率值。也就是说,在单元中,如果第 q 相流体的容积比率记为 α_q,则 α_q 可能有以下三种情况:

(1) $\alpha_q = 0$:单元中第 q 相流体;

(2) $\alpha_q = 1$:单元中充满了第 q 相流体;

(3) $0 < \alpha_q < 1$:单元中包含了第 q 相流体和一相或者其他多相流体的界面。

VOF 模型在分层流、自由面流动、灌注、晃动、液体中大气泡的流动,水坝决堤时的水流、对喷射衰竭(表面张力)的预测,以及求得任意液-气分界面的稳态或瞬时分界面等应用领域中发挥着重要作用。通过在固定欧拉网格下建立和追踪不同流体(或相)之间的界面,VOF 模型能够准确地确定界面位置及形状,并对流体流动过程进行模拟和预测。该模型在多相流动研究中广泛应用,为工程和科研领域提供了重要的数值模拟工具,用于分析和优化各种复杂的流动现象和工况。

FLUENT 中的 VOF 模型具有一定的局限性:

(1) VOF 模型只能使用压力基求解器求解;

(2) 所有控制容积内必须充满单一流体或相;

(3) VOF 模型与周期流动问题不能同时计算;

(4) 只有一相是可压缩的;

(5) 不能同时计算组分混合和反应流动问题;

(6) VOF 模型不能计算大涡湍流模型;

(7) VOF 模型不能用于无黏性流的计算;

(8) VOF 模型不能用于并行计算中的追踪粒子;

(9) VOF 模型与壁面壳传导模型不能同时计算。

在 FLUENT 中 VOF 公式常用于计算时间依赖解,也可以执行稳态计算。稳态 VOF 计算是敏感的,只有当解是独立于初始时间并对单相有明显的流动边界时才有解。例如,再旋转的杯子中,流体的自由表面形状依赖于初始水平,求解此类问题必须使用非定常计算公式,而渠道内顶部有空气的水的流动和分离的空气入口可以采用稳态公式求解。

4.3.1.3 混合模型

混合模型是一种简化的多相流模型,可用于两相或多相流(流体或颗粒)之间相互掺混。在欧拉模型中,各相被处理为互相贯通的连续体,混合模型求解的是混合物的动量方程,混合模型通过相对速度来描述离散相。混合模型的应用包括低负载流、气泡流、沉降以及旋风分离器,混合模型也可用于没有离散相的相对速度的均匀多相流。

混合模型包括求解混合相的连续性方、混合的动量方程、混合的能量方程、第二相的体积分数方程、相对速度的代数方程(如果相以不同的速度运动)。在 FLUENT 中,混合模型具有一定的局限性:

(1)混合模型只能使用压力基求解器;

(2)只有一相是可压缩的;

(3)计算混合模型时不能同时计算周期流动问题;

(4)不能用于模拟融化和凝固的过程;

(5)混合模型不能用于无黏性流的计算;

(6)在模拟气穴现象时,若湍流模型为 LES 模型则不能使用混合模型;

(7)在 MRF 多旋转坐标系与混合模型同时使用时,不能使用相对速度公式;

(8)不能和固体壁面的热传导模拟同时使用;

(9)不能用于并行计算和颗粒轨道模拟;

(10)组分混合和反应流动的问题不能和混合模型同时使用;

(11)混合模型不能使用二阶隐式的时间格式;

此外,混合模型还有界面特性包括不全、扩散和脉动特性难以处理等缺点。

4.3.1.4 欧拉模型

欧拉模型是 FLUENT 中最复杂的多相流模型。它建立了一套包含 n 个参数的动量方程和连续方程来求解每一相。欧拉模型的压力项和各界面交换系数是耦合在一起的,耦合的方式依赖于所含相的情况,颗粒流(流-固)的处理与非颗粒流(流-流)的是不同的。对于颗粒流,可应用分子运动理论来求得流动特性。不同相之间的动量交换也依赖于混合物的类别。通过 FLUENT 的用户自定义函数(user-defined functions),可以自己定义动量交换的计算方式。欧拉模型的应用包括气泡柱、上浮、颗粒悬浮以及流化床等情形。

除了以下的限制外,在 FLUENT 中所有其他的可利用特性都可以在欧拉多相流模型中使用:

(1)只有 k-ε 模型能用于湍流;

(2)颗粒跟踪仅与主相相互作用;

(3)不能同时计算周期流动问题;

(4)不能用于模拟融化和凝固的过程;

(5)欧拉模型不能用于无黏流;

(6)不能用于并行计算和颗粒轨道模拟;

(7)不允许存在压缩流动;

(8)欧拉模型中不考虑热传输;

(9)相同的质量传输只存在于气穴问题中,在蒸发和压缩过程中是不可行的;

(10)欧拉模型不能使用二阶隐式的时间格式。

4.3.2　多相流模型的选用

对于多相流问题的求解,最重要的一步就是选择与实际流动相符合的模式,进而决定选取哪种计算模型。FLUENT 中的模型按以下原则进行选取:

(1) 对于体积率小于 10% 的气泡、液滴和粒子负载流动,采用离散相模型;

(2) 对于离散相混合物或单独的离散相体积率超出 10% 的气泡、液滴和粒子负载流动,采用混合模型或者欧拉模型;

(3) 对于活塞流、分层/自由面流动,采用 VOF 模型;

(4) 对于均匀气动输运,采用混合模型;

(5) 对于流化床和气动输运中的粒子流,采用欧拉模型;

(6) 对于泥浆流和水力输运,采用混合模型或欧拉模型;

(7) 对于沉降,采用欧拉模型;

(8) 对于更加一般的,同时包含若干种多相流模式的情况,应根据最感兴趣的流动特征,选择合适的流动模型。此时由于模型只是对部分流动特征做了较好模拟,其精度低于只包含单个模式的流动。

如果离散相在计算域分布较广,采用混合模型;如果离散相只集中在一部分,使用欧拉模型;当考虑计算域内的 interphase drag laws 时,欧拉模型通常比混合模型能给出更精确的结果。另外,还要从计算时间和计算精度上考虑选择何种模型。

4.3.3　多相流模型实例

4.3.3.1　离散相模型实例

向一个容器中注入颗粒,容器尺寸、入口及出口位置均如图 4-43 所示。

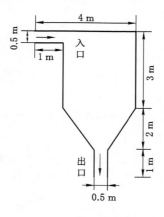

图 4-43　容器几何模型

(1) 建立模型

① 启用 GAMBIT,选择工作目录。

② 单击"Operation"中的"Geometry"选择 ▢ ,创建模型关键点。在显示的对话框中的 x、y、z 坐标中依次输入 10 个点的坐标($-2.5,0.25,0$)、($2.5,0.25,0$)、($2.5,-3.5,0$)、

$(1.25,-5.5,0)$、$(1.25,-6.2,0)$、$(0.75,-6.5,0)$、$(0.75,-5.5,0)$、$(-0.5,-3.5,0)$、$(-0.5,-0.25,0)$、$(-2.5,-0.25,0)$。

③ 单击"Operation"中的"Geometry"选择 ▢，根据两点创建直线。在显示的对话中选择要连成线段的两点，单击"Apply"。

④ 单击"Operation"中的 ▇，选择"Geometry"中的 ▢，在"Create Face from Wireframe"面板的"Edges"中选择所有的线段，单击"Apply"。

（2）划分网格

① 单击"Operation"中的 ▦，选择"Mesh"中的 ▢，单击 ▨，在"Faces"对话框中选择"fluid"，其他设置如图 4-44 所示，单击"Apply"，网格划分如图 4-45 所示。

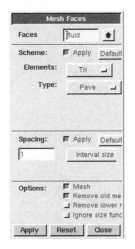

图 4-44 网格划分设置

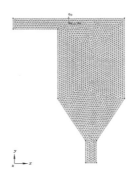

图 4-45 网格划分

② 单击"Operation"中的 ▨，选择"Specify Boundary Types"，在显示面板中将入口设置为"VELOCITY_INLET"，命名为"in"，将下边边线设置为"PRESSURE_OUTLET"，命名为"out"，其他定义为 WALL，如图 4-46 所示。

③ 执行"File"中的"Export"，单击"Mesh"，在弹出的对话框中输入"2.msh"，选择输出二维 Mesh，确定输出二维模型网格文件。

（3）求解计算

① 打开 FLUENT 计算软件，在菜单栏"File"中选择"Read"Gambit 建好的"lisan.msh"文件。在菜单栏中选择"Grid"，点击"Check"检查网格质量，点击"Scale"对模型尺寸进行设置，本例选择默认设置即可。

② 单击菜单栏"Define"，选择"Models"中的"Solver"，求解参数设置如图 4-47 所示。

③ 在菜单栏中选择"Define"，单击"Operating Conditions"，勾选"Gravity"，在 Y 对话框中输入-9.8，单击"OK"。

④ 单击菜单栏"Define"，选择"Models"中的"Viscous"，点选"k-epsilon[2 eqn]"，其他为默认设置，如图 4-48 所示。

⑤ 设置离散项模型，在菜单栏中选择"Define"，单击"Discrete Phase"，出现的对话框参

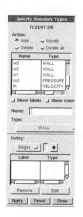

图 4-46　边界条件设置

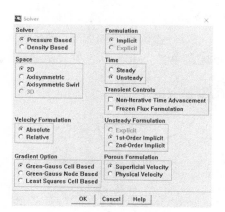

图 4-47　求解参数设置

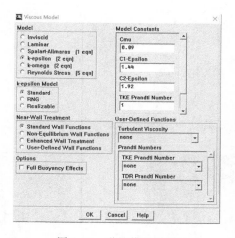

图 4-48　黏性模型设置

数设置如图 4-49 所示，单击"Injections…"按钮，对离散项注入设置，注入材料选择"sulfur-solid"，直径分布选"uniform"，直径设置为"5e-06"，注入时间为 1 s，注入粒子率为 0.5 kg/s，其他设置为默认值，如图 4-50 所示。

图 4-49　离散相参数设置

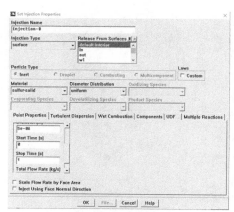

图 4-50　离散项注入设置

⑥ 单击菜单栏"Define",选择"Boundary Conditions",对"In"进行设置,在"Type"选择"velocity-inlet",各参数设置如图 4-51 所示。

（a）单击菜单栏"Solver",在"Computer From"中选择"in",其他设置为默认值,再进行计算初始化。

（b）单击菜单栏"Solver",选择"Iterate",计算时间步长设置如图 4-52 所示,开始计算。

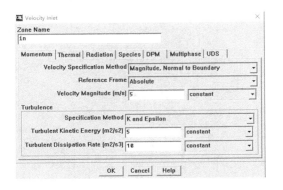

图 4-51　边界条件设置　　　　　　　　图 4-52　计算时间步长设置

（4）计算显示

粒子流路径和速度分布如图 4-53 和图 4-54 所示。

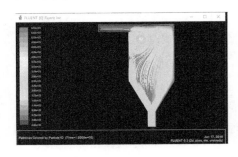

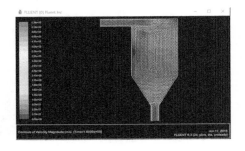

图 4-53　粒子流路径　　　　　　　　图 4-54　速度分布

4.3.3.2　VOF 模型实例

计算小口喷水问题,二维模型及其尺寸如图 4-55 所示,水从小口喷出,形成一个大的喷射面。

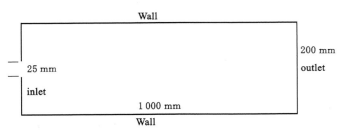

图 4-55　模型尺寸

（1）建立模型

① 启用 GAMBIT 软件，选择工作目录。

② 单击"Operation"中的"Geometry"，选择▢，创建模型关键点。在显示的对话框中的 x、y、z 坐标中依次输入 6 个点的坐标(0,0,0)、(0,200,0)、(1000,200,0)、(1000,0,0)、(0,87.5,0)、(0, 112.5,0)。

③ 单击"Operation"中的"Geometry"，选择▢，根据两点创建直线。在显示的对话中选择要连成线段的两点，单击"Apply"。

④ 单击"Operation"中的▦，选择"Geometry"中的▢，在"Create Face from Wireframe"面板的"Edges"中选择所有的线段，单击"Apply"。

（2）划分网格

① 单击"Operation"中的▦，选择"Mesh"中的▢，在"Edges"中选择喷嘴处的线段，设"Interval count"为 100，单击"Apply"。选择上下边，设"Interval count"为 50；选择出口边，设"Interval count"为 200；其他两个边设"Interval count"为 100。

② 单击"Operation"中的▦，选择"Mesh"中的▢，单击✎，在"Faces"对话框中选择"face.1"，其他设置如图 4-56 所示，单击"Apply"，网格划分如图 4-57 所示。

③ 单击"Operation"中的▦，选择"Specify Boundary Types"，在显示面板中将喷口设置为"VELOCITY_INLET"，命名为"inlet"，将右边边线设置为"PRESSURE _OUTLET"，命名为"outlet"，其他定义为 WALL，命名为"wall"，如图 4-58 所示。

④ 执行"File"中的"Export"，单击"Mesh"，在弹出的对话框中输入"penshui.mesh"选择输出二维 Mesh，确定输出二维模型网格文件。

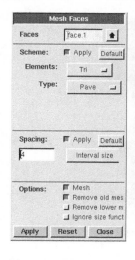
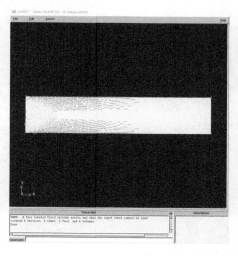
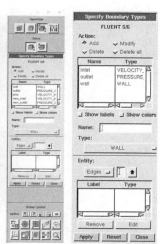

图 4-56 网格划分设置　　　　　图 4-57 网格划分　　　　　图 4-58 边界设置

（3）求解计算

① 启动 FLUENT 软件，在菜单栏中单击"File"中"Read"，读入"penshui.mesh"文件，单机"Grid"中的"Check"，检查网格质量。

② 单击菜单栏中"Define"中的"Solver"，参数设置如图 4-59 所示。

③ 在单击菜单栏中"Define"中的"Model",单击"Multiphase"中的"VOF"模型,"Number of Phases"选择 2(水和空气两相),其他参数如图 4-60 所示。

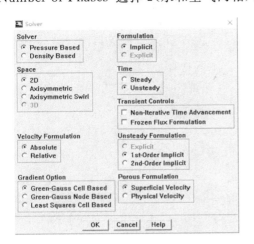

图 4-59　求解参数设置

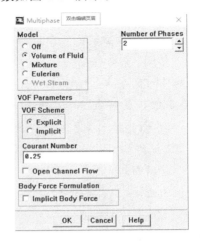

图 4-60　模型相的设置

④ 在单击菜单栏中"Define"中的"Model",单击"Viscous",选择"k-epsilon[2 eqn]",其他保持默认值,参数设置如图 4-61 所示。

⑤ 在单击菜单栏中"Define"中的"Materials"命令下,从 FLUENT 材料库中调用"water-liquid[h2o<1>]",出现的显示框如图 4-62 所示,单击"Copy",再单击"Change/Create"和"Close",完成材料定义。

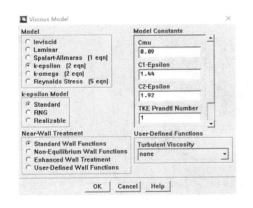

图 4-61　黏度模型设置

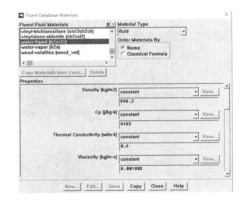

图 4-62　材料设置

⑥ 单击菜单栏中"Define"中的"Operating Condition"命令,勾选"Gravity",将 Y 设置成一9.8,其他不变。

⑦ 单击菜单栏中"Define"中的"Phases",在对话框中点选"Phase-1",在"Type"中点选"primary-phase",在显示的对话框中"Name"一栏输入"air"。重复刚才步骤,点选"phase-2",在"Type"中点选"secondary-phase",在"Name"对话框中输入"water",在"Phase Material"选择"water-liquid",单击"OK",完成材料设置。

⑧ 设置流体流域的边界条件,单击菜单栏中"Define",点选"Boundary Conditions",在

"Zone"显示面板中点选"fluid",在"Type"中选择"fluid",参数设置均为默认值。

⑨ 单击菜单栏中"Define",点选"Boundary Conditions",在"Zone"显示面板中点选"inlet",在"Phase"中选择"mixture",在"Type"中选择"velocity-inlet",单击"set..."按钮,对"inlet"进行参数设置,如图 4-63 所示。

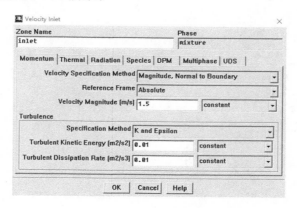

图 4-63　边界条件设置

⑩ 单击菜单栏中"Define",点选"Boundary Conditions",在"Zone"显示面板中点选"inlet",在"Phase"中选择"water",单击"Type"中的"velocity-inlet",将"Multiphase"中"Volume"的值设置成 1.0,如图 4-64 所示。

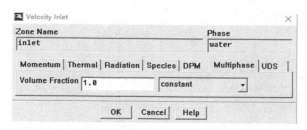

图 4-64　水的体积分数设置

⑪ 设置"outlet"边界,单击菜单栏中"Define",点选"Boundary Conditions",在"Zone"显示面板中点选"outlet",在"Phase"中选择"mixture",单击"set..."按钮,在出现的"Pressure Outlet"对话框中各项设置如图 4-65 所示。

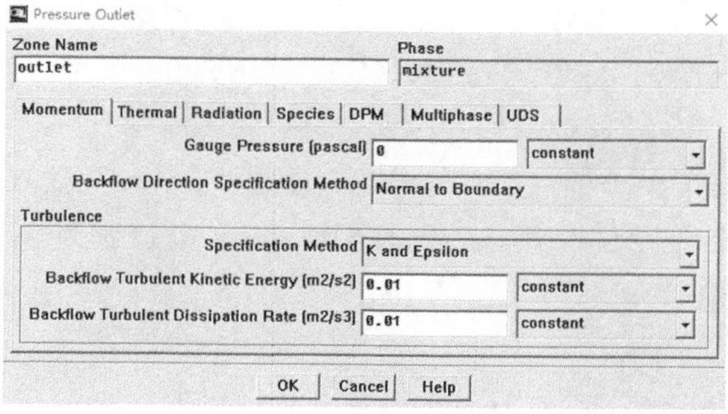

图 4-65　出口边界条件设置

⑫ 设置"outlet"边界,在菜单栏中"Define",点选"Boundary Conditions",在"Zone"显示面板中点选"outlet",在"Phase"中选择"water",单击"set..."按钮。在出现的"Pressure Outlet"对话框中,单击"Multiphase",将"Backflow Volume Fraction"设置为1,即无回流。如图 4-66 所示。

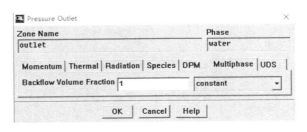

图 4-66　出口水无回流设置

⑬ 单击菜单栏"Solver",选择"Controls",点选"Solution",在出现的显示框中,将"Pressure-Velocity Coupling"设置为"PISO",将"Under-Relaxation Factors"的"Pressure"设置为 0.3,"Density"和"Body Forces"均设置为 1。在"Discretization"中将"Pressure"设置为"Body Force Weighted",其他设置如图 4-67 所示。

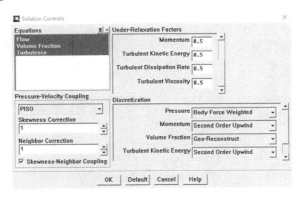

图 4-67　计算求解控制设置

⑭ 对流场进行初始化,单击菜单栏"Solver"选择"Initialize",在弹出的对话框中将"Water Volume Fraction"设置为 0,其他均为默认设置,单击"Init"。

⑮ 单击菜单栏"Solver",选择"Monitors",点击"Residual",出现对话框,勾选"Plot",将"continuity"设置为 0.000 1,其他均为默认值,如图 4-68 所示。

⑯ 单击菜单栏"Solver",选择"Animate",点击"Define",出现对话框,参数设置如图 4-69所示。单击对话框中的"Define...",在"Window"处设置为 1,在"Display Type"中点选"Contours",在出现的对话框中勾选"Filled",在"Contours of"中选择"Phases...",其他设置保持默认,如图 4-70 所示。

⑰ 单击菜单栏"Solver",选择"Iterate",各参数设置如图 4-71 所示。

(4) 计算结果显示

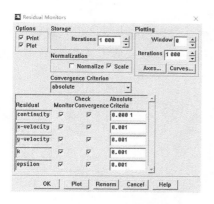

图 4-68　计算残差设置

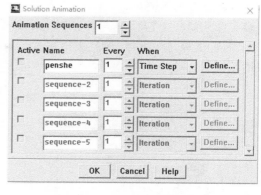

图 4-69　定义动画参数设置

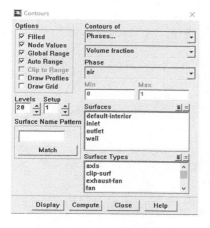

图 4-70　窗口 1 显示设置

图 4-71　计算时间步长设置

单击菜单栏"Display"中的"Vectors"命令,弹出对话框,选择"Surface"下面所有选项,单击"Display",如图 4-72 所示。整个区域的速度矢量图如图 4-73 所示。执行"File"中"Write"命令,选择"Case & Date"保存文件,点击"Exit"命令,退出 FLUENT。

图 4-72　显示速度矢量图设置

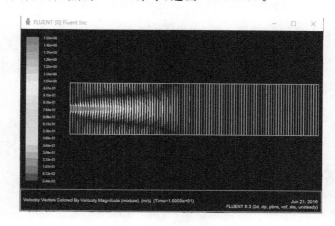

图 4-73　速度矢量图

4.3.3.3 混合模型实例

容器尺寸如图 4-74 所示，水夹杂着 5% 的空气气泡从容器的底部进入，左端为出口，在重力作用下，气泡将向上浮，最后集中在容器的上端。模拟该流动，观察最后容器中气体的分布情况。

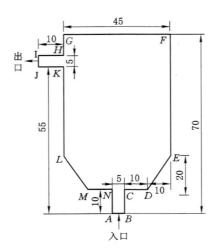

图 4-74　模型尺寸

（1）创建模型

① 启动 GAMBIT 软件，选择工作文件夹，单击"Run"，单击菜单栏中的"Solver"，选择"FLUENT 5/6"。

② 单击"Operation"中的 ▨，选择"Geometry"中的 ▢ 按钮，出现的对话框中在"Global"坐标系 x,y,z 对应的框中分别输入四个点的坐标 $(0,0,0)$、$(5,0,0)$、$(0,10,0)$ 和 $(5,10,0)$，创建 A、B、N、C 四点。

③ 复制偏移 C、N 两点至 D、M，单击"Vertex"中的 ▨ 按钮，在"Move/Copy Vertices"选择 C 点，点选"Copy"和"Translate"，在"x,y,z"对应的框中分别输入 $(10,0,0)$，生成 D 点，同样，点选 N 点，点选"Copy"和"Translate"，在"x,y,z"对应的框中分别输入 $(-10,0,0)$，生成 M 点，

④ 复制偏移 M、D 两点至 L、E，步骤同上，选择 M 点，点选"Copy"和"Translate"，在"x,y,z"对应的框中分别输入 $(-10,20,0)$，生成 L 点，点选 N 点，点选"Copy"和"Translate"，在"x,y,z"对应的框中分别输入 $(10,20,0)$，生成 E 点。

⑤ 复制偏移 L、E 两点生成 K、H、G、F，使 L 点复制偏移点的 x,y,z 分别设为 $(0,25,0)$、$(0,30,0)$、$(0,40,0)$，生成 K、H、G 点，使 E 点复制偏移 $(0,40,0)$ 生成 F 点。

⑥ 复制偏移 K、H 两点生成 J、I，K、H 复制偏移点的 x,y,z 设为 $(-10,0,0)$ 生成 J、I 点，完成标志点的创建。

⑦ 将标志点连成直线段，单击"Operation"中的 ▨，选择"Geometry"中的 ▢，单击 ⟋，弹出"Vertices"黄色对话框，按住"Shift"键，依次选取点 A、B、C、D、E、F、G、H、K、L、M、N、A，单击"Apply"按钮，再依次点选 H、I、J、K，生成的直线段连成的图形如图 4-75

所示。

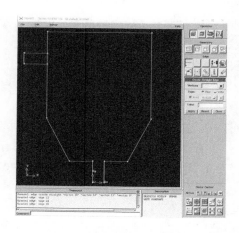

图 4-75　创建直线段

⑧ 由边生成面,首先创建 ABCDEFGHKLMN。单击"Geometry"中的▯,选择"Face"中的▯,在弹出的"Edges"对话框中按住"Shift"键,依次选择线段 AB、BC、CD、DE、EF、FG、GH、HK、KL、LM、MN、NA,单击"$Apply$"按钮。同样方法点选 HI、IJ、JK、KH,生成 $HIJK$ 面。

（2）划分网格

① 对两个面直接进行网格划分。单击"Operation"中的▦,选择"Mesh"中的▯,在"Face"黄色对话框中选择"face.1"和"face.2",在"Elements"中选择"Quad",在"Type"中选择"Submap",在"Spacing"文本框中输入 1,单击"Apply"按钮,得到网格划分如图 4-76 所示。

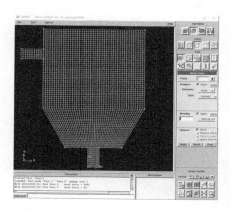

图 4-76　网格划分

② 单击"Operation"中的▦,选择"Zones"中的▦,在弹出的对话框中将 AB 边命名为"in",在"Type"中选择"VELOCITY_INLET",单击"Apply"按钮。将 IJ 边命名为"out",在"Type"中选择"PRESSURE_OUTLET",单击"Apply"按钮。其余边除了 HK 边无须设

定外,均统一并命名为"wall","Type"选择"WALL"。

③ 单击"Operation"中的▦,选择"Zones"中的▦,设置为默认值,即两个面内区域内是连通的。

④ 单击菜单栏"File"中的"Export",选择"Mesh",在出现的文本框中输入文件名"hunhe.msh",选"Export2-D(X-Y)Mesh"选项,单击"Apply"按钮,即导出 Mesh 文件。

(3) 求解计算

① 启动 FLUENT 软件,在出现的界面上选择二维单精度求解器。

② 单击菜单栏中"File"中的"Read",选择"Case"命令,选择建好的"hunhe.msh"。

③ 单击菜单栏"Grid"中的"Check",检查读入的网格,当主窗口中显示"Done"时,表示网格可用。

④ 调整网格尺寸单位,单击菜单栏"Grid"中的"Scale",在弹出的对话框中将"Mesh Was Created In"选择为"mm",单击"Scale",单击"Change Length Units",将尺寸缩小至原尺寸的1/1 000 倍,单击"Close",完成网格尺寸的调整。

⑤ 对混合模型进行设置,单击菜单栏"Define"中的"Models",选择"Multiphase",在弹出的对话框中将"Model"选择为"Mixture"。在"Mixture Parameters"中勾选"Slip Velocity",表示模拟非均匀多相流。在"Body Force Formulation"中勾选"Implicit Body Force",表示能加速包含体积力影响时计算的收敛。在"Number of Phases"文本框中输入2,单击"OK",关闭对话框,如图 4-77 所示。

⑥ 单击菜单栏"Define"中"Models",选择"Viscous"命令,弹出"Viscous Model"对话框,在"Model"中选择"k-epsilon [2 eqn]",其他设置为默认,单击"OK",完成设置,如图 4-78所示。

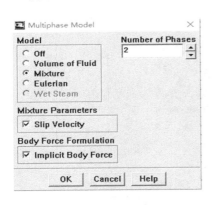

图 4-77　混合模型参数设置

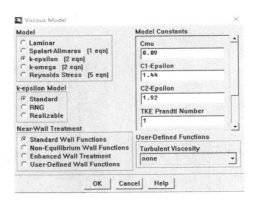

图 4-78　黏度模型设置

⑦ 单击菜单栏"Define"中"Materials",在出现的对话框中单击"Fluent Database",在"Fluent Fluid Materials"中选择"water-liquid[h2o<1>]",其他为默认设置,如图 4-79 所示。单击"Copy"按钮,单击"Close"返回"Materials"界面,单击"Change/Create",关闭对话框。

⑧ 对两相进行设置,在菜单栏"Define"中选择"Phase",在出现的菜单栏中选择"phase-1",单击"Set",在"Name"栏中输入"water",在"Phase Material"中选择"water-liquid",单击

"OK"。采用同样的方法,选择"phase-2",将第二相设置成"air",并在对话框"Diameter"中选择"constant",输入 0.01,即设置气泡粒径为 0.01 mm,单击"OK",完成两相的设置。

⑨ 在混合模型中要定义两相的滑移速度。在"Phases"面板中,单击"Interaction"按钮,在弹出的"Phases Interaction"对话框中单击"Slip",各项参数设置如图 4-80 所示。

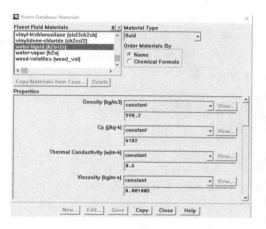

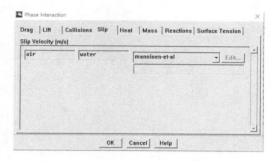

图 4-79　水相的创建　　　　　　　　图 4-80　两相滑移速度设置

⑩ 单击菜单栏"Define"中的"Operating Conditions",在弹出的对话框中勾选"Gravity",将"Gravitational Acceleration"中的"Y"设置成－9.81。

⑪ 设置入口边界条件,单击菜单栏"Define"中的"Boundary Conditions",弹出对话框,在"Zone"中选择"in",在"Type"中选择"velocity-inlet",在"Phase"中选择"mixture",单击"Set",出现对话框,各参数设置如图 4-81 所示,单击"OK"完成设置。

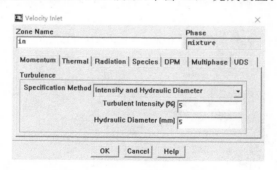

图 4-81　入口边界条件设置

⑫ 单击菜单栏"Define"中的"Boundary Conditions",弹出对话框,在"Zone"中选择"in",在"Type"中选择"velocity-inlet",在"Phase"中选择"water",单击"Set",弹出对话框,在"Velocity Magnitude"文本框输入 0.1,其他保持默认设置,单击"OK"完成设置。

⑬ 单击菜单栏"Define"中的"Boundary Conditions",弹出对话框,在"Zone"中选择"in",在"Type"中选择"velocity-inlet",在"Phase"中选择"air",单击"Set",弹出对话框,在"Velocity Magnitude"文本框输入 0.05(设定入口气泡体积分数为 5%),其他保持默认设置,单击"OK"完成设置。

⑭ 单击菜单栏"Define"中的"Boundary Conditions",在出现的对话框"Zone"中选择"out",在"Type"中选择"pressure-outlet",在"Phase"中选择"mixture",单击"Set",弹出对话框,在"Gauge Pressure[pascal]"文本框输入0,其他设置如图4-82所示,单击"OK"完成设置。

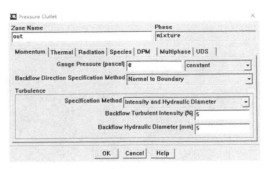

图4-82　出口边界条件设置

⑮ 单击菜单栏"Define"中的"Boundary Conditions",弹出对话框,在"Zone"中选择"out",在"Type"中选择"pressure-outlet",在"Phase"中选择"air",单击"Set",出现的对话框,在"Multiphase"中的"Backflow Volume Fraction"文本框输入0,单击"OK",返回"Boundary Conditions",单击"Close"关闭对话框。

⑯ 单击菜单栏"Solver"中"Controls",选择"Solution",弹出"Solution Controls"对话框。由于混合模型的收敛比较困难,可适当降低收敛因子,即将"Under-Relaxation Factors"一栏中的收敛因子适当降低。其中,将"Pressure"设置为0.3,将"Density"设置为0.7,将"Body Forces"设置为0.7,将"Momentum"设置为0.5,将"Slip Velocity"设置为0.1,将"Volume Fraction"设置为0.2,将"Turbulent Kinetic Energy"设置为0.6,将"Turbulent Dissipation Rate"设置为0.6,将"Turbulent Viscosity"设置为0.8,其他设置保持默认,如图4-83所示。

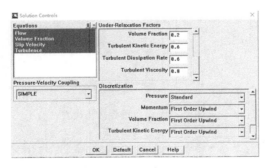

图4-83　计算控制条件设置

⑰ 单击菜单栏"Solver"中的"Monitors",选择"Residual",弹出对话框,在"Options"选项中勾选"Plot",其他保持默认设置,定义求解残差监视器,如图4-84所示。

⑱ 模型初始化设置,单击菜单栏"Solver"中"Initialize",弹出"Solution Initialization"对话框,在"Compute From"下拉栏中选择"in"选择以速度入口的数值为计算的初始条件,其

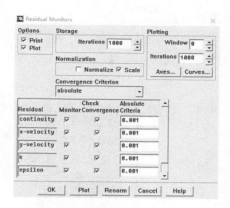

图 4-84　求解残差监视器设置

他为默认设置,单击"Init"。

⑲ 单击菜单栏"File"中的"Write",点击"Case & Data"保存 Case 和 Data 文件。

⑳ 单击菜单栏"Solver"中的"Iterate",在出现的对话框中将"Number of Iterations"设置成 500,其他为默认值,如图 4-85 所示。单击"Iterate",开始计算。

图 4-85　迭代次数设置

(4)结果显示

① 显示气相分布图,单击菜单栏"Display"中的"Contours",在"Contours of "的两个下拉菜单中分别选择"Velocity Magnitude"和"air",在"Options"中勾选"Filled",其他为默认设置,如图 4-86 所示。单击"Display",气相分布云图如图 4-87 所示。

图 4-86　显示气相分布图设置

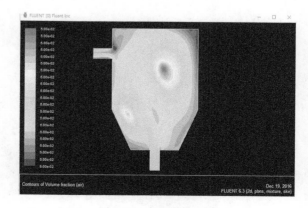

图 4-87　气相分布云图

② 显示速度分布图,单击菜单栏"Display"中的"Contours",在"Contours of"的两个下拉菜单中分别选择"Velocity Magnitude"和"mixture",在"Options"中勾选"Filled",其他为默认设置,如图 4-88 所示。单击"Display",速度分布云图如图 4-89 所示。

图 4-88　速度分布图显示设置

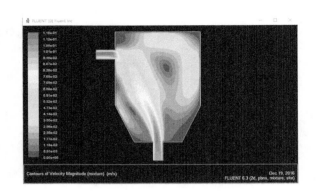

图 4-89　速度分布云图

4.3.3.4　欧拉模型实例

孔口自由出流模拟几何模型尺寸如图 4-90 所示,水从一侧经小口自由流出。

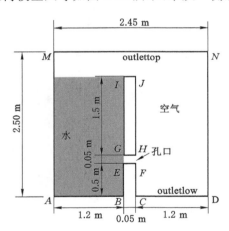

图 4-90　模型尺寸

（1）建立模型

① 启用 GAMBIT 软件,选择工作目录。

② 单击"Operation"中的"Geometry",选择⬚,创建模型关键点。在显示的对话框中的 x、y、z 坐标中依次输入 A、B、C、D 4 个点的坐标 $(0,0,0)$、$(1.2,0,0)$、$(1.25,0,0)$、$(2.45,0,0)$。

③ 单击"Operation"中的"Geometry",选择▨,在出现的"Move/Copy Vertices"对话框中点击"Vertices"黄色区域,按住"Shift"键,点选 A 点,选择"Copy",在"Global"中输入 $(0,2.5,0)$,M 点创建完成。采用同样的方法,按图 4-90 的尺寸关系,将 D 点复制偏移 $(0,2.5,0)$,得到 N 点;将 B、C 点复制偏移 $(0,0.5,0)$,得到 E、F 点;将 E、F 点复制偏移 $(0,0.5,0)$,得到 G、H 点;

将 G、H 点复制偏移 $(0,1.5,0)$，得到 I、J 点，操作界面如图 4-91 所示。

④ 由点创建边，单击"Operation"中的"Geometry"，选择 ，在出现的"Create Straight Edge"对话框中点击"Vertices"黄色区域，按住"Shift"键，按顺序点选 A、B、E、F、C、D、N、M，分别创建 AB、BE、EF、FC、CD、DN、NM 线段，单击"Apply"按钮；重复上面操作方式，创建 AM、GH、HJ、JI、IG 线段。

⑤ 由线创建面，单击"Operation"中的"Geometry"，选择 ，点选 ，在"Create Face from Wireframe"对话框中，点击"Edges"黄色对话框，按住"Shift"键，分别点选 AB、BE、EF、FC、CD、DN、NM、AM 线段，单击"Apply"，创建"face.1"；重复上述操作方法，点选 GH、HJ、JI、IG 线段创建成"face.2"，单击"Apply"。

⑥ 单击"Operation"中的"Geometry"，选择 ，右键单击 ，选择"Subtract" ，弹出对话框，在"Face"对应的黄色框中选择"face.1"，在"Subtract"的"Faces"中选择"face.2"。

（2）划分网格

① 单击"Operation"中的 ，选择"Mesh"中的 ，单击 ，在"Faces"对话框中选择"face.1"，在"Elements"中选择"Quad"，在"Type"中选择"Submap"，"Interval Size"对话框中输入 0.01。单击"Apply"，网格划分如图 4-92 所示。

② 单击"Operation"中的 ，选择 ，在"Specify Boundary Types"的显示面板中将模型上边界设置为"PRESSURE ＿ OUTLET"，命名为"outlettop"，将 CD 边设置为"PRESSURE ＿OUTLET"，命名为"outletlow"，设置如图 4-93 所示。

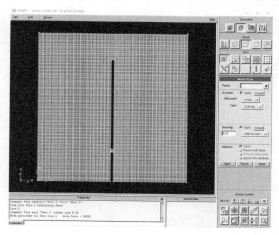

图 4-91　复制创建
关键点界面

图 4-92　网格划分

图 4-93　边界条件设置

③ 单击"Operation"中的 ，选择 ，在"Specify Boundary Types"的显示面板中将"Faces"设置为"FUILD"，命名为"fluid"，如图 4-94 所示。

（3）模拟计算

① 启动 FLUENT 软件，选择 2D 单精度计算。

② 单击菜单栏"File"中"Read"，选择读入 Case 文件，将刚建好的 Mesh 文件读入

FLUENT 软件中。

③ 单击菜单栏"File"中"Grid",选择"Check",检查网格质量。

④ 单击菜单栏"File"中"Grid",选择"Scale",调整模型尺寸单位,如图 4-95 所示。

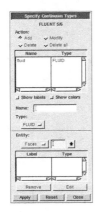

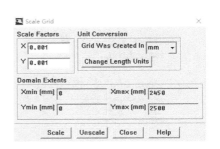

图 4-94　网格域内流体设置　　　　　　　　图 4-95　模型尺寸调整

⑤ 单击菜单栏"Define"中"Models",选择"Solver",弹出对话框在"Time"中选"Unsteady",其他为默认设置,如图 4-96 所示。

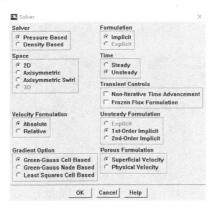

图 4-96　求解设置

⑥ 单击菜单栏"Define"中"Models",选择"Multiphase",在"Model"一栏中点击"Eulerian",在"Number of Phases"对话栏中选择 2,单击"OK"按钮。

⑦ 单击菜单栏"Define"中"Models",选择"Viscous",在"Model"一栏中点击"k-epsilon[2 eqn]",其他为默认设置,单击"OK"按钮。

⑧ 单击菜单栏"Define"中"Materials",单击"Fluent Database",在"Fluent Fluid Materials"中选择"water-liquid[h2o<1>]",其他为默认设置,单击"Copy",返回"Materials"菜单栏,单击"Change/Create",再单击"Close"。

⑨ 设置主相和次相,单击菜单栏"Define"中"Phases",弹出对话框,点选"phase-1"将主相设置为"air",命名为"air",将次相设置为"water"并命名为"water"。

⑩ 单击菜单栏"Define"中"Operating Conditions",在出现的对话框中勾选"Gravity",并将其对应的 Y 设置成－9.81,点击"OK"。

⑪ 设置边界条件,单击菜单栏"Define"中"Boundary Conditions",将"outletlow"的类型选择"Pressure\Outlet",单击"Set",弹出对话框,在"Specification Method"的下拉菜单中选择"Intensity and Hydraulic Diameter",将"Backflow Turbulent Intensity[%]"设置为5,将"Backflow Hydraulic Diameter"设置为1,单击"OK",如图 4-97 所示。

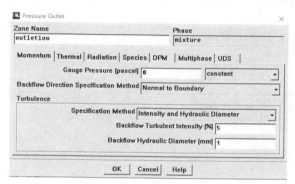

图 4-97　流出下边界条件设置

⑫ 设置边界条件,单击菜单栏"Define"中"Boundary Conditions",将"outlettop"的类型选择"Pressure-Outlet",单击"Set",弹出对话框,在"Specification Method"的下拉菜单中选择"Intensity and Hydraulic Diameter",将"Backflow Turbulent Intensity[%]"设置为5,将"Backflow Hydraulic Diameter"设置为2,单击"OK",如图 4-98 所示。

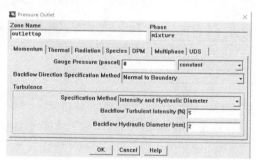

图 4-98　上边界条件设置

⑬ 单击菜单栏"Solver"中"Initialize",选择"Initialization",弹出对话框,在"Compute From"的下拉菜单中选择"all-zones",其他为默认设置,如图 4-99 所示,单击"Init"。

⑭ 设置初始时水的充满的范围,单击菜单栏中"Adapt",选择"Region",弹出对话框,在"Input Coordinates"中"X Max"对应的对话栏中输入 1 200,在"Y Max"对应的对话栏中输入 2 000,单击"Adapt"按钮,并单击"Mark"做标记,点击"Close"完成设置,如图 4-100 所示。

⑮ 单击菜单栏"Solver"中"Initialize",选择"Patch",在"Phase"下拉菜单中选择"water",在"Variable"中选择"Volume Fraction",在"Value"中输入 1,点选"Registers to Patch",依次点击"Patch"和"Close"。

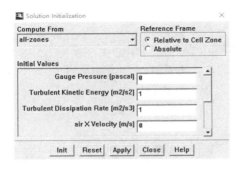

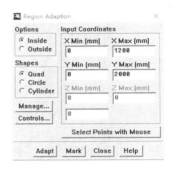

图 4-99　初始化设置　　　　　　　　　　图 4-100　水占的位置

⑯ 单击菜单栏"Display"中"Contours"，勾选"Options"对话框中的"Filled"，在"Contours of"的下拉菜单中选择"Phases…"和"Volume fraction"，在"Phase"下拉菜单中选择"water"，其他为默认设置，如图 4-101 所示。单击"Display"，流体初始位置显示如图 4-102所示，单击"Close"。

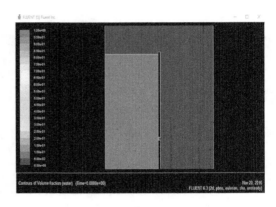

图 4-101　显示初始流体界面设置　　　　图 4-102　流体初始位置显示

⑰ 单击菜单栏"Solver"中的"Iterate"，将"Time Step Size[s]"设置为 0.01，将"Number of Time Steps"设置为 3 000，其他为默认设置，如图 4-103 所示。

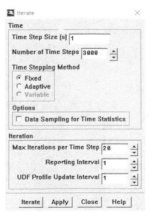

图 4-103　计算步长设置

⑱ 单击菜单栏"Solver"中的"Animate",选择"Define",弹出对话框,在"Animation Sequences"一栏选择 1,其他设置如图 4-104 所示。单击此显示栏中的"Define",弹出新的对话框,将"Window"设置为 1,如图 4-104 所示,勾选"Display Type"中的"Contours",在"Contours of"下拉菜单中分别选择"Phases"和"Volume Fraction",在"Phase"中选择"air",单击"Display"。

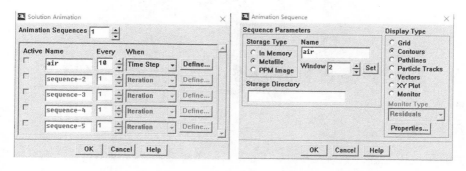

图 4-104　动态显示设置

（4）结果显示

图 4-105 中分别给出计算时间为 1 s、7 s、17 s、19 s 时水流出的状态。

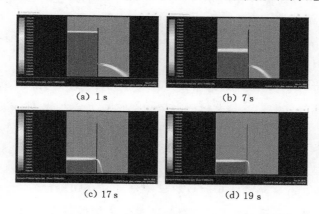

（a）1 s　　（b）7 s

（c）17 s　　（d）19 s

图 4-105　计算结果

第 5 章　研究案例

5.1　含二氧化硅气凝胶和相变材料三层玻璃窗热性能分析

5.1.1　工程背景

随着我国国民经济的不断发展,人们对建筑的需求已经不仅仅是物质生活的基本保障,同时还对其舒适性和美观性提出更高的要求,建筑能耗随之增长迅速。目前,我国建筑能耗约占社会总能耗的 30％,而窗户等透明围护结构由于其热惰性小、隔热性差及透光性强等问题,成为建筑节能中的薄弱环节。

近年来,国内外研究人员发现将玻璃围护结构与相变材料结合,对于改善其热惰性和保温隔热性能,缓解太阳直射造成的不舒适眩光影响具有重要工程意义。但当其在严寒地区冬季气候条件下应用时,由于室外温度低导致相变材料无法有效相变,制约了其应用效果,故选择合理的保温材料来减小其热量散失,是解决该问题的重要途径之一。而二氧化硅气凝胶兼顾保温和透光的双重优势,为其与相变玻璃窗的有效结合提供契机。

故针对含二氧化硅气凝胶和相变材料三层玻璃窗建立数理模型,模拟分析其动态传热特性。

5.1.2　物理模型

图 5-1 为含二氧化硅气凝胶和相变材料三层玻璃窗传热模型,太阳辐射经过玻璃窗时分三个部分,一部分被外玻璃窗反射,一部分被二氧化硅气凝胶保温层、石蜡层、玻璃所吸收,其余部分透过玻璃窗直接进入室内。含二氧化硅气凝胶和相变材料三层玻璃窗内表面、外表面分别与室内、室外环境通过对流换热和热辐射作用进行复合传热。其中,玻璃厚度为 4 mm,二氧化硅气凝胶层和石蜡层的厚度均为 12 mm。

为了方便计算和建立数学模型,对玻璃窗模型做以下假设:

(1)忽略石蜡液态时的对流作用;

(2)石蜡的热物性参数不受温度影响,即石蜡导热系数和比热容等为常数,且石蜡的光学特性与波长无关;

(3)玻璃和二氧化硅气凝胶均视为各向同性的均匀介质,且光热物性参数恒定;

(4)忽略两个玻璃层之间的长波辐射以及石蜡的散射作用。

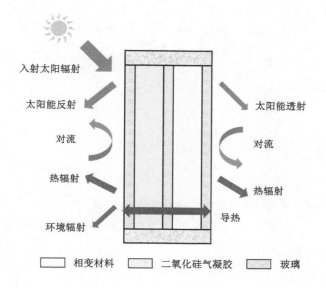

图 5-1　含二氧化硅气凝胶和相变材料三层玻璃窗传热模型

5.1.3　数学模型

对于玻璃和二氧化硅气凝胶层的能量方程为：

$$\rho c_p \frac{\partial T}{\partial t} = \lambda \frac{\partial^2 T}{\partial x^2} + \lambda \frac{\partial^2 T}{\partial y^2} + \phi \tag{5-1}$$

式中，ρ、λ 和 c_p 分别为密度、导热系数和比热，ϕ 为辐射源。

对于石蜡层，其能量方程为：

$$\rho \frac{\partial H}{\partial t} = \lambda \frac{\partial^2 T}{\partial x^2} + \lambda \frac{\partial^2 T}{\partial y^2} + \phi \tag{5-2}$$

式中，H 为总焓，可用如下方程计算：

$$H = \int_{T_{ref}}^{T} c_p \mathrm{d}T + f\gamma \tag{5-3}$$

式中，γ 为相变过程的潜热；f 为相变材料的液相率，定义为：

$$f = 1, T > T_1 \tag{5-4}$$

$$f = 0, T < T_s \tag{5-5}$$

$$f = \frac{T - T_s}{T_1 - T_s}, T_s \leqslant T \leqslant T_1 \tag{5-6}$$

式中，T_s 和 T_1 分别为相变材料的初始熔化温度和液相温度。

当前计算模型中的源项为太阳辐射，计算公式为：

$$\phi = \int_{\Omega_i = 4\pi} I(\boldsymbol{r}, \boldsymbol{s}) \Omega \mathrm{d}\Omega_i \tag{5-7}$$

式中，$\boldsymbol{r}$ 和 $\boldsymbol{s}$ 表示位置向量和方向向量；I 为太阳辐射强度。对于多层玻璃窗，其辐射换热方程为：

$$\frac{\mathrm{d}I(\boldsymbol{r},\boldsymbol{s})}{\mathrm{d}S} = \alpha n^2 \frac{\sigma T^4}{\pi} - \alpha I(\boldsymbol{r},\boldsymbol{s}) \tag{5-8}$$

式中，n 和 S 分别为折射率和吸收系数；I 为斯特藩-玻尔兹常数$[5.672\times10^{-8}\ \mathrm{W/(m^2 \cdot K^4)}]$。

玻璃窗的内表面边界条件分别为：

$$-\lambda \frac{\partial T}{\partial x} = I_{\mathrm{in}} + h_{in}(T_{\mathrm{in}} - T_{\mathrm{a,in}}) \tag{5-9}$$

玻璃窗的外表面边界条件分别为：

$$-\lambda \frac{\partial T}{\partial x} = I_{\mathrm{out}} + h_{out}(T_{\mathrm{out}} - T_{\mathrm{a,out}}) \tag{5-10}$$

式中，h_{in} 和 h_{out} 分别为玻璃窗内、外玻璃表面的对流换热系数；T_{in} 和 $T_{\mathrm{a,in}}$ 分别为玻璃内表面温度和室内空气温度；T_{out} 和 $T_{\mathrm{a,out}}$ 分别为玻璃的外表面温度和环境温度。I_{in} 和 I_{out} 表示玻璃内、外表面的辐射传热，计算公式为：

$$I_{\mathrm{in}} = \varepsilon\sigma(T_{\mathrm{in}}^4 - T_{\mathrm{a,in}}^4) \tag{5-11}$$

$$I_{\mathrm{out}} = I_{\mathrm{sky}} + I_{\mathrm{air}} + I_{\mathrm{ground}} \tag{5-12}$$

式中，ε 为玻璃的发射率；I_{sky}、I_{air} 和 I_{ground} 分别表示玻璃外表面向天空、大气以及地面的辐射换热。

5.1.4 网格划分

采用 GAMBIT 软件绘制三层玻璃窗计算区域，点和直边的创建如图 5-2 所示。

设置线和面的 Spacing 数值类型为"interval size"，值为 1，网格生成结果如图 5-3 所示。

对其边界条件以及介质填充区域进行相应设定，结果如图 5-4 所示。

以上的操作是利用 GAMBIT 软件对计算区域进行几何建构，并且指定边界条件和区域类型，接着将其导入到 FLUENT14.5 中进行模拟计算。

5.1.5 计算模型设定

对于此问题，FLUENT 选择 2D 单精度求解器即可。此模型涉及非稳态传热、石蜡相变以及太阳辐射等，因此在 Models 处需打开 Energy 模型、solidification & melting 模型以及 Radiation 模型中的 discrete ordinates (DO) model，并在"General"下的"Time"处选择"Transient"实现瞬态计算。

5.1.6 物性参数设定

本算例涉及材料：相变材料石蜡、二氧化硅气凝胶以及玻璃，将石蜡"Material Type"设置为"fluid"，其余二者设置为"solid"。三种材料的光热物性参数如表 5-1 所示。

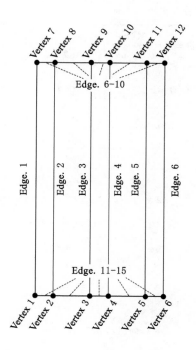

图 5-2　点和直边的创建

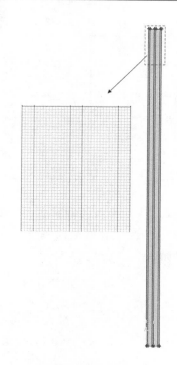

图 5-3　网格生成结果

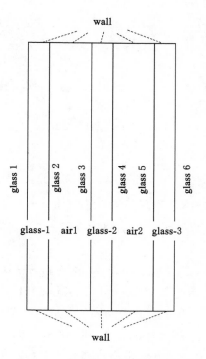

图 5-4　边界条件以及区域设置

表 5-1　三种材料的光热物性参数表

材料	导热系数/ [W·(m·℃)$^{-1}$]	比热/ [J·(kg·℃)$^{-1}$]	密度/ (kg·m^{-3})	折射率	吸收系/ (1·m^{-1})	固相/液相 温度/℃	潜热/ (kJ·kg^{-1})
石蜡	0.23	2 250	870	1.30	20（液相） /80（固相）	16/18	180
空气	0.024	1 006.43	1.225	1.00	0	—	—
二氧化硅	0.0818	1 500	100	1.01	10	—	—
玻璃	1	840	2 700	1.50	12	—	—

　　对于表 5-1 中不涉及的参数（如散射系数、黏度等），保持默认设置即可。需要注意的是，石蜡的吸收系数在固液相不同，将"Absorption Coefficient"设为"piecewise-linear"，具体设置方式如图 5-5 所示。

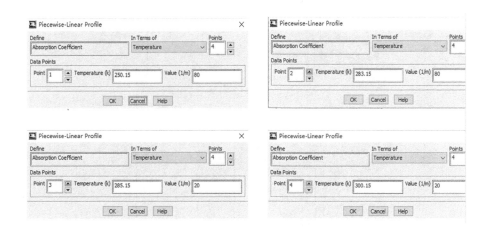

图 5-5　石蜡吸收系数设置

5.1.7　边界条件设定

　　对于含二氧化硅气凝胶和相变材料三层玻璃窗，其室外温度 $T_{a,out}$ 设定为 0 ℃（273.15 K），室外对流换热系数 h_{out} 设定为 15 W/(m^2·℃)。室内温度 $T_{a,in}$ 设定为 18 ℃（291.15 K），室内对流换热系数 h_{in} 设定为 5 W/(m^2·℃)。

　　玻璃窗内外表面，即 glass 1 和 glass 6，对应的"Thermal Conditions"设定为"Mixed"。glass 2～glass 5 均为耦合界，因此其"Thermal Conditions"均设置为"Coupled"。由于 glass 1～glass 6 均为半透介质，将内外边界条件对应的"Radiation"下的"BC Type"设置为"semi-transparent"。此算例太阳辐射假设为固定值 400 W/m^2，因此 glass 1 处"Radiation"下的"Direct Irradiation"对应方框输入 400。由于玻璃窗是竖向布置的，假定辐射方向垂直于玻璃表面，故"Beam Direction"处对应 x, y, z 坐标设定为（1，0，0），设置好的边界条件如图 5-6～5-8 所示。

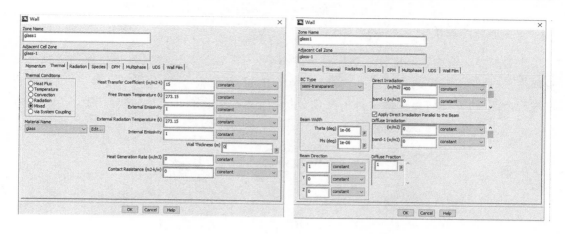

图 5-6　glass 1 边界条件设置

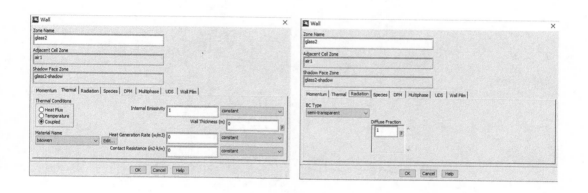

图 5-7　glass 2～glass 5 边界条件设置

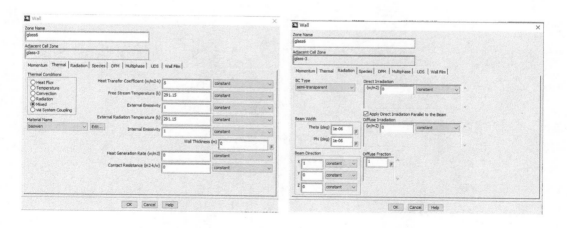

图 5-8　glass 6 边界条件设置

5.1.8　监测数据设定

通过对玻璃窗内表面温度和热流进行监测,可分析含二氧化硅气凝胶和相变材料三层玻璃窗传热特性,其监测点设置可在"Monitor"中的"Surface Monitor"中完成;对石蜡液相率进行监测,可对其熔化进程进行可视化分析,其监测点设置可在"Monitor"中的"Volume Monitor"中完成,监测点的设置如图 5-9~图 5-11 所示。

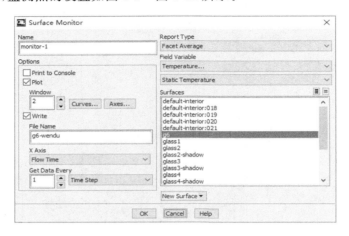

图 5-9　内表面温度监测点设置

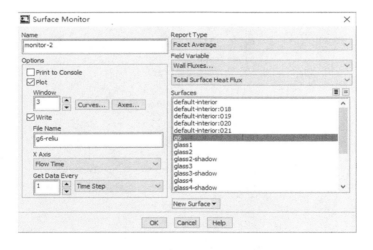

图 5-10　内表面热流监测点设置

5.1.9　求解设定

（1）求解方程设置

此算例不涉及流动问题,故可将"Equations"下面的"Flow"撤销,即取消动量方程的求解。

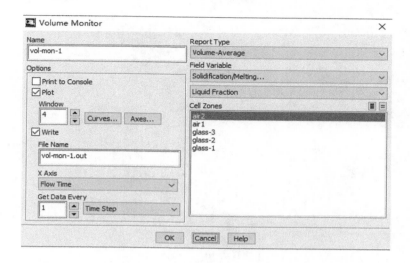

图 5-11　石蜡液相率监测点设置

（2）求解方法设定

求解器的类型选择"Pressure-Based"，"Scheme"选择"SIMPLE"，"Pressure"选择"Body Force Weighted"，"Gradient"选择"Green-Gauss Cell Based"，其余求解方式均选择"Second Order Upwind"，具体设置如图 5-12 所示。

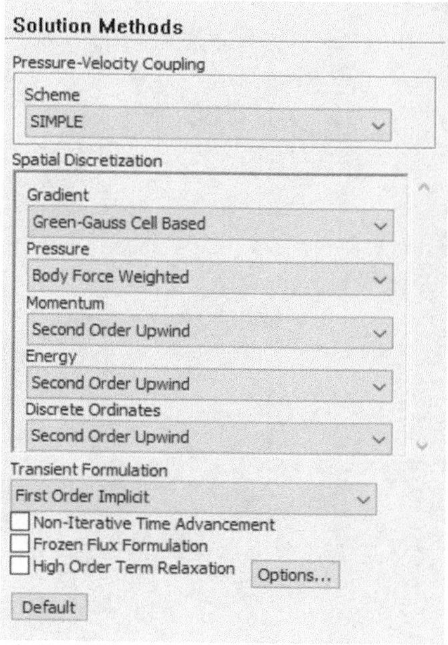

图 5-12　求解方法设定

（3）残差设定

在"Residual Monitors"中点选"Plot"，动态显示计算残差走势；将"Absolute Criteria"的数值设为 1e-06，其他设置如图 5-13 所示。

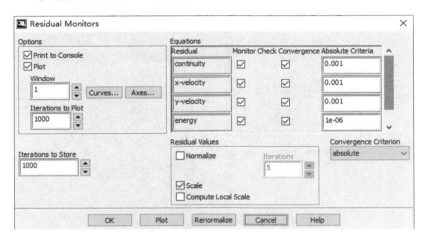

图 5-13　残差设定

（4）初值设定

将"Temperature(K)"设置为 273.15 K（0 ℃），其余参数保持默认，具体设置如图 5-14 所示。

（5）计算时长和时间步长设定

计算时长为 4 h，将"Time Step Size(s)"设置为"100"，将"Max Iterations/Time Step"设置为 200，具体设置如图 5-15 所示。

图 5-14　初值设定　　　　　　　　　图 5-15　计算时长和时间步长设定

5.1.10　结果分析

温度、热流以及石蜡液相率的动态计算结果如图 5-16～5-17 所示，

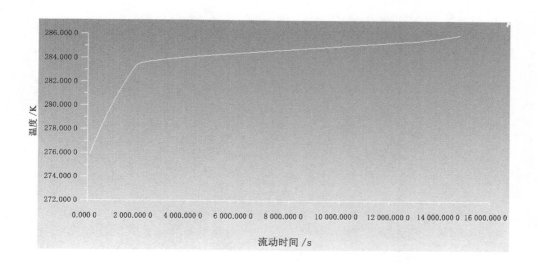

图 5-16　温度计算结果

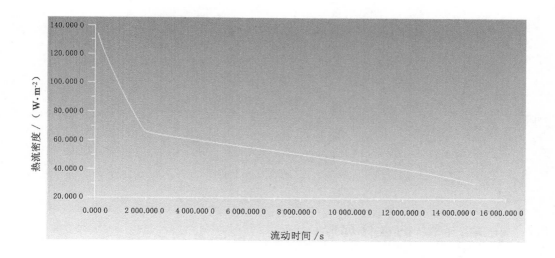

图 5-17　热流计算结果

含二氧化硅气凝胶和相变材料三层玻璃窗的温度云图以及石蜡液相分布如图 5-18 和图 5-19 所示。

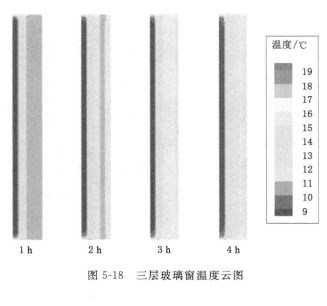

图 5-18　三层玻璃窗温度云图

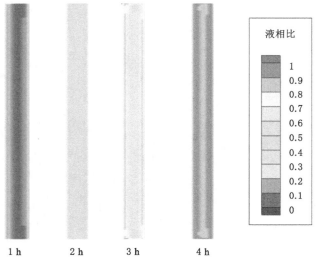

图 5-19　石蜡液相率分布图

5.2　立式沉降罐油水分离分析

5.2.1　工程背景

随着油田开发的不断深入,现阶段我国多数油田均已进入高含水期,如大庆、胜利、辽河、大港等油田,综合含水率都在 90％以上。原油逐年上升的含水率直接增大联合站的工作负荷,导致联合站的运行成本不断增加。沉降罐作为联合站中原油脱水的主要设备,处理液量占油田总液量比重大,在油水分离过程中占有重要的地位。沉降罐能否有效地使油水分离直接影响油田的后续生产。

立式沉降罐主要依靠油水密度差进行分离,如图 5-20 所示,含油污水由进液管进入,经配液干管、配液支管及配液口流入沉降罐。小油滴不断聚集、上浮,形成油层,油水在密度差下继续分离形成油水界面。最终,原油从上部环形集油槽流出,脱出水经集水支管由出水管排出。沉降罐内部流动情况复杂,因此,研究沉降罐内部流场以改进沉降罐结构,对提高沉降罐工作效率具有重要意义。

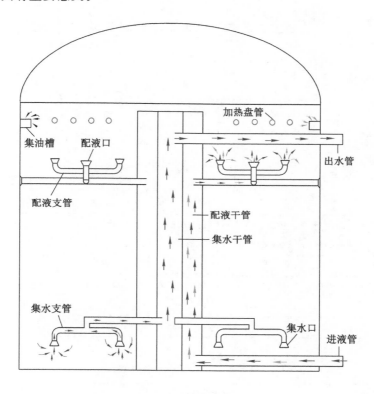

图 5-20　立式沉降罐结构图

故针对常见油田立式沉降罐建立数理模型,模拟分析其油水分离沉降效果。

5.2.2 物理模型

沉降罐内部结构复杂,为方便计算和建立模型,对沉降罐做以下假设:

(1) 忽略内部次要构件,仅考虑进液管、配液管、出油管及出水管;

(2) 简化出水管、不设置集水装置,认为处理后的污水直接由集水口排出;

(3) 忽略沉降罐油水界面变化的影响,不考虑油水界面控制装置;

(4) 忽略砂砾、淤泥等固体杂质的影响,认为仅为油水两相;

(5) 忽略沉降罐上部气体空间的影响,认为罐内完全被流体充满;

(6) 认为罐内为定常流动、不可压缩流场。

模拟采用的沉降罐模型为 3 000 m³ 立式沉降罐,罐内温度为 60 ℃ 恒温,压力为常压,油滴粒径为 150 μm，入口油含量为 20％。图 5-21 为简化立式沉降罐几何模型图，其几何尺寸如表 5-2 所示，油水物性如图 5-3 所示。

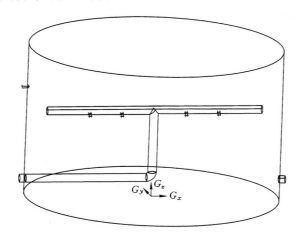

图 5-21　简化立式沉降罐几何模型图

表 5-2　模型几何尺寸

基本参数	罐容 /m³	罐内径 /mm	进液管距底 高度/mm	出水管距底 高度/mm	出油管距 高度/mm	配液管距 高度/mm	配液孔内径 /mm
尺寸	3 000	18 000	1 500	1 300	9 000	7 000	200
基本参数	罐高 /mm	进液管 直径/mm	出水管直径 /mm	出油管直径 /mm	配液管直径 /mm	配液管长度 /mm	配液孔高度 /mm
尺寸	12 000	600	600	160	600	14 000	200

表 5-3　60 ℃下油水物性表

物质	密度/(kg·m⁻³)	动力黏度/(Pa·s)
油	865	0.025 5
水	985	0.001 5

5.2.3　数学模型

混合模型的连续性方程：

$$\frac{\partial}{\partial t}(\rho_m) + \nabla \cdot (\rho_m \boldsymbol{v}_m) = \dot{m} \tag{5-13}$$

式中，$\dot{m}$ 为混合物的质量变化率；$\boldsymbol{v}_m$ 为混合流体质点的速度，$\boldsymbol{v}_m = \dfrac{\sum\limits_{k=1}^{n} \alpha_k \rho_k \boldsymbol{v}_k}{\rho_m}$；$\rho_m$ 为混合物密度，$\rho_m = \sum\limits_{k=1}^{n} \alpha_k \rho_k$；$\alpha_k$ 为第 k 相的体积分数；ρ_k 为第 k 相的密度。

混合模型的动量方程：

$$\frac{\partial}{\partial t}(\rho_m \boldsymbol{v}_m) + \nabla \cdot (\rho_m \boldsymbol{v}_m \boldsymbol{v}_m) = -\nabla p + \nabla[\mu_m(\nabla \boldsymbol{v}_m + \nabla \boldsymbol{v}_m^T)] + \boldsymbol{F} + \nabla \cdot (\sum_{k=1}^{n} \alpha_k \rho_k \boldsymbol{v}_{dr,k} \boldsymbol{v}_{dr,k})$$

$$(5-14)$$

式中，$\boldsymbol{F}$ 为体积力；n 为相数；μ_m 为混合物的黏度，$\mu_m = \sum_{k=1}^{n} \alpha_k \mu_k$；$\boldsymbol{v}_{dr,k}$ 为第二相 k 的漂移速度，$\boldsymbol{v}_{dr,k} = \boldsymbol{v}_k - \boldsymbol{v}$。

混合模型的能量方程：

$$\frac{\partial}{\partial t}\sum_{k=1}^{n}(\alpha_k \rho_k E_k) + \nabla \cdot \sum_{k=1}^{n}[\alpha_k \boldsymbol{v}(\rho_k E_k + p)] = \nabla \cdot (k_{eff} \nabla T) + S_E \qquad (5-15)$$

式中，k_{eff} 为有效导热率，$k_{eff} = \sum \alpha_k (k_k + k_t)$；$k_t$ 为是湍流导热系数，由湍流模型确定；$\nabla \cdot (k_{eff} \nabla T)$ 为热传导引起的能量传递；E_K 为对可压缩相而言，$E_K = h_k - \dfrac{p}{\rho_k} + \dfrac{v_k^2}{2}$，对不可压缩相，$E_K = h_k$，其中 h_k 是第 k 相的显焓；S_E 为所有体积热源。

第二相体积分数方程：

$$\frac{\partial}{\partial t}(\alpha_p \rho_p) + \nabla \cdot (\alpha_p \rho_p \boldsymbol{v}_m) = -\nabla \cdot (\alpha_p \rho_p \boldsymbol{v}_{dr,p}) \qquad (5-16)$$

相对（滑移）速度与漂移速度：

$$\boldsymbol{v}_{qp} = \boldsymbol{v}_p - \boldsymbol{v}_q \qquad (5-17)$$

式中，$\boldsymbol{v}_p$ 为次相速度；$\boldsymbol{v}_q$ 为主相速度。

式（5-17）可以用来计算混合流体在某个特定点的相对速度，相对于一个参考速度：

$$\boldsymbol{v}_{dr,p} = \boldsymbol{v}_{qp} - \sum_{k-1}^{n} \frac{\alpha_k \rho_k}{\rho_m} \boldsymbol{v}_{qk} \qquad (5-18)$$

式中，$\boldsymbol{v}_{dr,p}$ 为漂移速度；$\boldsymbol{v}_{qp}$ 为相对速度。

RNG k-ε 湍流模型：

湍流动能 k 方程：

$$\frac{\partial}{\partial t}(\rho_m \kappa) + \frac{\partial}{\partial x_j}(\rho_m u_{m,j}) = \frac{\partial}{\partial x_i}(\frac{\mu_{eff,m}}{\sigma_k} \frac{\partial k}{\partial x_j}) + G_{m,k} - \rho_m \varepsilon \qquad (5-19)$$

湍流耗散率 ε 方程：

$$\frac{\partial}{\partial t}(\rho_m \varepsilon) + \frac{\partial}{\partial x_j}(\rho_m u_{m,j} \varepsilon) = \frac{\partial}{\partial x_i}(\frac{\mu_{eff,m}}{\sigma_\varepsilon} \frac{\partial \varepsilon}{\partial x_j}) + \frac{\varepsilon}{k} C_{1\varepsilon} G_{m,k} - C_{2\varepsilon}^* \rho_m \frac{\varepsilon^2}{k} \qquad (5-20)$$

式中，$u_{m,j}$ 为混合物速度的第 j 分量（分量可以是 x、y 或 z）；x_i 和 x_j 为空间坐标（坐标可以是 x、y 或 z）；$\mu_{eff,m}$ 为有效黏度；σ_ε，σ_k 为标准湍流模型的模型常数；C_μ，$C_{1\varepsilon}$，$C_{2\varepsilon}$ 为湍流模型中的常数项；$G_{m,k}$ 为湍动项；$\mu_{m,t}$ 为湍流黏度；η，η_0，β 为湍流模型中的其他参数；$\overline{S}_{ij}$ 为应变率张量。$\mu_{eff,m} = \mu_m \left[1 + \sqrt{\dfrac{C_\mu}{\mu_m} \dfrac{k}{\sqrt{\varepsilon}}} \right]$，$G_{m,k} = \mu_{m,t} \left(\dfrac{\partial u_{mj}}{\partial x_j} + \dfrac{\partial u_{m,j}}{\partial x_i} \right) \dfrac{\partial u_{mj}}{\partial x_j}$，$\mu_{m,t} = C_\mu \rho_m k^2 / \varepsilon$，$C_{2\varepsilon}^* = C_{2\varepsilon} + \dfrac{C_\mu \rho \eta^3 (1 - \eta/\eta_0)}{1 + \beta \eta^3}$，$\overline{S}_{ij} = \dfrac{1}{2} \left(\dfrac{\partial u_{mj}}{\partial x_j} + \dfrac{\partial u_{m,j}}{\partial x_i} \right)$，$C_\mu = 0.084\,5$，$C_{1\varepsilon} = 1.422$，$C_{2\varepsilon} = 0.084\,5$，$\sigma_k = \sigma_\varepsilon = 0.75$，$\eta_0 = 4.38$，$\beta = 0.012$。

5.2.4 网格划分

采用 GAMBIT 软件绘制立式沉降罐三维模型,如图 5-22 所示,网格生成结果如图 5-23 所示。

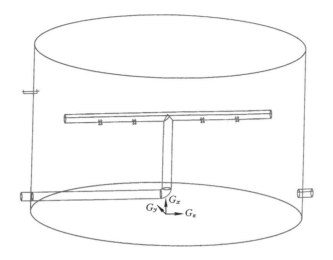

图 5-22 几何模型的创建

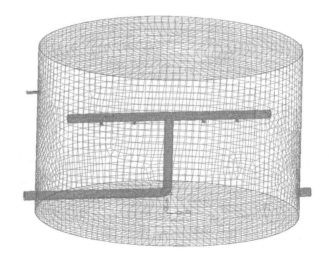

图 5-23 网格生成结果

对其边界条件以及介质填充区域进行相应设定,结果如图 5-24 所示。

以上的操作是利用 GAMBIT 软件对计算区域进行几何建构,并且指定边界条件和区域类型,接着将其导入到 FLUENT 2021 R1 中进行模拟计算。

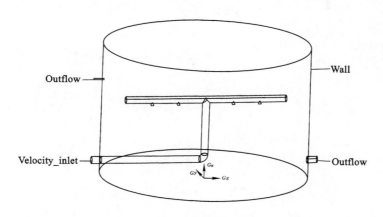

图 5-24 边界条件设置

5.2.5 计算模型设定

（1）打开 FLUENT 软件，创建一个新的工作目录，设置工作目录。

（2）模型设置

① 在"Models"选项卡中勾选"Multiphase"，开启多相流模型。

② 在"Mixture"模型中勾选"Implicit Body Force"，使用体积力格式。

③ 在"Phases"选项卡中设置主相为水（water），并设置相名称及相材料。

④ 添加次相为油（oil），并设置相名称、相材料及油滴直径为 120 μm。

（3）设置重力场

① 在"Phases"选项卡中勾选"Gravity"以开启重力场。

② 在重力方向中设置重力向量为 -9.81 m/s^2，可以输入具体数值。

（4）设置求解器和求解选项

① 在"Solver"选项卡中选择"Transient"作为求解器。

② 在"Solver Controls"选项卡中，根据实际需求设置时间步长、迭代次数、收敛准则等。

（5）设置黏度模型

在"Viscous"选项卡中，选择 k-ε RNG 模型作为黏度模型。

（6）完成设置后，保存设置，并进行网格划分和初始化。

5.2.6 物性参数设定

本算例涉及"Materials"包括油、水及铝。其中油和水的材料类型设置为"Fluid"，铝板设置为"Solid"。油和水的物性参数如表 5-4 所示，其具体设置方式如图 5-25 所示。

表 5-4 油、水物性参数

物性/材料	密度/(kg·m^{-3})	黏度/[kg/(m·s)$^{-1}$]
油	860	0.025 5
水	985	0.001 5

图 5-25　油水参数设置

5.2.7　边界条件设定

（1）进水管入口（inlet）设置

① 在边界条件选项卡中选择进水管的入口边界。

② 切换到"Phases"选项卡，在"Phase"中选择"water"。

③ 设置"Turbulent Intensity"为 4.04%。

④ 设置"Hydraulic Diameter"为 0.598 8 m。

⑤ 在"Velocity Magnitude"中设置速度为 0.246 72 m/s。

⑥ 在"Multiphase"选项卡中设置"Volume Fraction"为 0.1。

（2）出油管（outlet oil）设置

① 在边界条件选项卡中选择出油管的出口边界。

② 设置"Flow Rate Weighting"为 0.1。

（3）出水管（outlet water）设置

① 在边界条件选项卡中选择出水管的出口边界。

② 设置"Flow Rate Weighting"为 0.9。

（4）壁面（Wall）设置

在边界条件选项卡中选择墙壁边界。

（5）设置墙壁为"No Slip"条件，表示流体在墙壁上具有零相对速度。设置好的边界条件如图 5-26～5-28 所示。

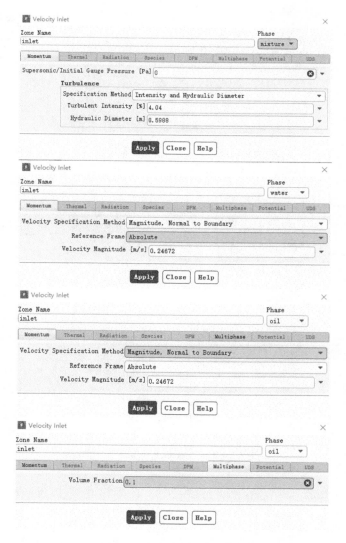

图 5-26　inlet 边界条件设置

5.2.8　监测数据设定

通过对立式沉降罐内油水浓度分布进行监测，可分析罐内各处油水分离情况；对出油管

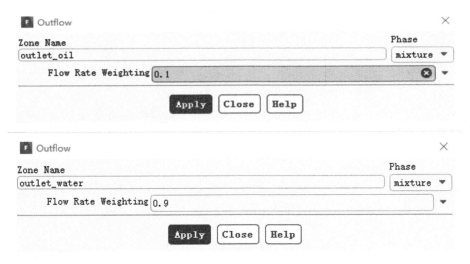

图 5-27　outlet oil 和 outlet water 边界条件设置

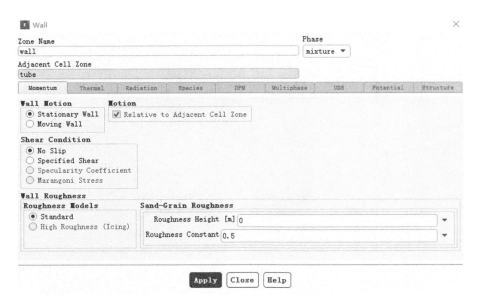

图 5-28　glass 6 边界条件设置

及出水管处的含水量、含油量进行监测，可判断罐内流动情况，其监测点设置可在"Solution"中的"Report Definitions"中点击"New"进行"Surface Report"设置。监测点的设置如图 5-29、图 5-30 所示。

5.2.9　求解设定

（1）求解方法设定

求解器的类型选择为"Pressure-Based"，"Scheme"选择为"SIMPLE"，压力求解方式为"Body Force Weighted"，Volume Fraction 求解方式为"First Order Upwind"，其余求解方

图 5-29　出水管监测点设置

图 5-30　出油管监测点设置

式均选择为"Second Order Upwind"，具体设置如图 5-31 所示。

（2）残差设定

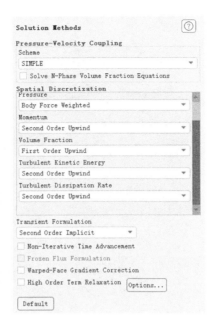

图 5-31　求解方法设定

选择"Moniter"下的"Residuals",选择"Plot"动态显示计算残差走势;"continuity"对应的"Absolute Criteria"的数值设置为 0.000 1,具体设置如图 5-32 所示。

图 5-32　残差设定

(3)初值设定

设置从入口处初始化,即将"Compute from"设置为"inlet",其他各参数设置如图 5-33 所示。

(4)计算时长和时间步长设定

将计算时长设为 20 h,将时间步长设置为 1 s,将最大迭代次数设置为 50,具体设置方式如图 5-34 所示。

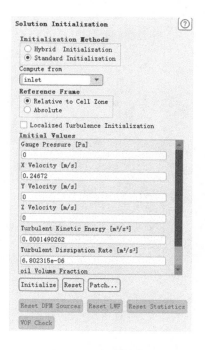

图 5-33　初值设定

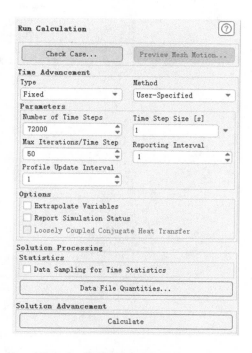

图 5-34　计算时长和时间步长设定

5.2.10　结果分析

出水管含油量及出油管含水量动态计算结果如图 5-35、图 5-36 所示立式沉降罐(纵截面)油相、水相浓度分布以及罐内速度分布如图 5-37~5-39 所示。

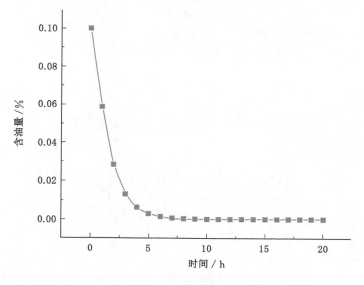

图 5-35　出水管含油量计算结果

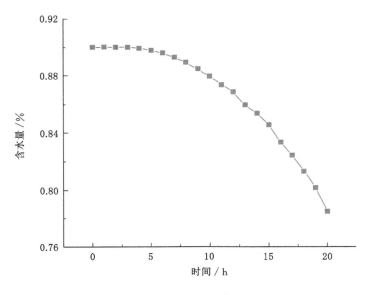

图 5-36　出油管含水量计算结果

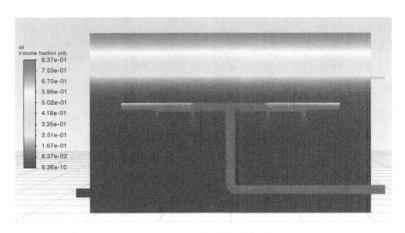

图 5-37　油相浓度分布图

图 5-38　水相浓度分布图

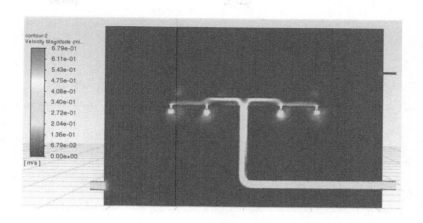

图 5-39　罐内速度分布图

5.3　管壳相变蓄热器模拟

5.3.1　工程背景

　　蓄热技术可解决能源应用过程中时间和空间不匹配问题,已广泛应用在制冷、供热以及热源等领域。蓄热技术包括显热蓄热、热化学蓄热和相变蓄热,其中相变蓄热是一种重要的储能手段。在相变蓄热过程中,相变材料的凝固熔化时的传热特性至关重要。因此本节将以套管相变蓄热器蓄热过程的模拟为基础讲解凝固/熔化模型。

5.3.2　物理模型

　　选取相变蓄热装置一个换热单元作为模拟对象,其具体物理模型和二维简化模型如图 5-40 所示。套管相变蓄热器具体尺寸为全长 400 mm,内径 20 mm,外径 60 mm。相变蓄热器的相变材料(phase change material,PCM)层沿径向被分割成相互独立的热传导液体(heat transfer fluid,HTF)单元和 PCM 蓄热单元。该梯级相变蓄热器采用铜制材料,壁厚 2 mm,内部 HTF 为水,其 PCM 材料物性参数具体如表 5-5 所示。

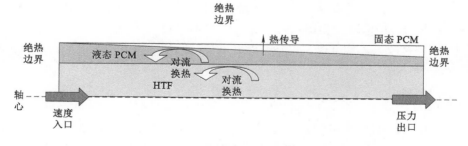

图 5-40　壳管相变蓄热器示意图

表 5-5　PCM 物性参数

名称	密度/ $(kg \cdot m^{-3})$	导热系数/ $[W \cdot (m \cdot K)^{-1}]$	比热容/ $[J \cdot (kg \cdot K)^{-1}]$	相变潜热/ $(kJ \cdot kg^{-1})$	相变温度/K
石蜡	780	0.558	液态 2 400 固态 2 800	201 680	凝点 315 熔点 313

在保证相变蓄热器性能的前提下简化计算模型,提出如下假设:① PCM 均匀分布且各向同性;② 各区域内 PCM 的密度、导热系数、运动黏度均恒定,且忽略 PCM 相变过程体积变化;③ PCM 的比热随温度变化;④ 忽略辐射的影响;⑤ 忽略接触热阻且外壁面及内管轴心为绝热。

5.3.3　数学模型

(1) 相变蓄热器内 PCM 单元能量守恒方程表达式

HTF 连续性方程表达式:

$$\frac{\partial v_x}{\partial x} + \frac{\partial v_y}{\partial x} = 0 \tag{5-21}$$

HTF 能量守恒方程表达式:

$$\rho_{HTF} c_{HTF} \left[\frac{\partial T}{\partial \tau} + \frac{\partial(v_x T_{HTF})}{\partial x} + \frac{\partial(v_y T_{HTF})}{\partial y} \right] = k_{HTF} \left(\frac{\partial^2 T_{HTF}}{\partial x^2} + \frac{\partial^2 T_{HTF}}{\partial y^2} \right) \tag{5-22}$$

HTF 动量守恒方程表达式:

$$\rho_{HTF} \left[\frac{\partial v_x}{\partial \tau} + \frac{\partial v_x^2}{\partial x} + \frac{\partial(v_x v_y)}{\partial y} \right] = \mu_{HTF} \left(\frac{\partial^2 v_x}{\partial x^2} + \frac{\partial^2 v_x}{\partial y^2} \right) - \frac{\partial p}{\partial x} \tag{5-23}$$

$$\rho_{HTF} \left[\frac{\partial v_y}{\partial \tau} + \frac{\partial v_y^2}{\partial y} + \frac{\partial(v_x v_y)}{\partial x} \right] = \mu_{HTF} \left(\frac{\partial^2 v_y}{\partial x^2} + \frac{\partial^2 v_y}{\partial y^2} \right) - \frac{\partial p}{\partial y} \tag{5-24}$$

式中,v_x,v_y 分别为 HTF 在 x 方向和 y 方向的速度;ρ_{HTF} 为 HTF 密度;c_{HTF} 为 HTF 比热容;T_{HTF} 为 HTF 温度;τ 为时间;μ_{HTF} 为 HTF 动力黏度;p 为 HTF 压力。

(2) 相变蓄热器内 PCM 单元能量守恒方程表达式

$$\rho_{PCM} \left[\frac{\partial(H\gamma)}{\partial \tau} + \frac{\partial(c_{PCM} T_{PCM})}{\partial \tau} \right] = k_{PCM} \left(\frac{\partial^2 T_{PCM}}{\partial x^2} + \frac{\partial^2 T_{PCM}}{\partial y^2} \right) \tag{5-25}$$

式中,ρ_{PCM} 为 PCM 密度;H 为 PCM 相变潜热;c_{PCM} 为 PCM 比热容;T_{PCM} 为 PCM 温度;k 为 PCM 导热系数;γ 为 PCM 液相率,由公式(5-25)计算得出。

$$\gamma = \begin{cases} 0, T_{PCM,s} \leqslant T_{PCM} \\ \dfrac{T_{PCM} - T_{PCM,s}}{T_{PCM,l} - T_{PCM,s}}, T_{PCM,s} < T_{PCM} < T_{PCM,l} \\ 1, T_{PCM} \geqslant T_{PCM,l} \end{cases} \tag{5-26}$$

式中,$T_{PCM,s}$ 为 PCM 的相变凝固点温度;$T_{PCM,l}$ 为 PCM 的相变熔化点温度。

(3) PCM 与 HTF 交界面边界条件($y=r$ 处,指套管式相变蓄热器 HTF 管道半径)

$$k_{PCM} \frac{\partial T_{PCM}}{\partial y} \Big|_{y=r} = h(T_{PCM} - T_{couple}) \tag{5-27}$$

式中,h 为 PCM 与 HTF 交界面处对流换热系数;T_{couple} 为 PCM 与 HTF 交界面处管壁温度。

（4）初始条件和边界条件

相变蓄热器初始温度：

$$T_{PCHT}(x,y)\big|_{\tau=0}=T_0 \tag{5-28}$$

相变蓄热器速度入口边界条件：

$$T_{in,x}(x=0,y,\tau)=T_{in} \tag{5-29}$$

$$T_{in,x}(x=0,y,\tau)=v_{in} \tag{5-30}$$

$$v_{in,y}(x=0,y,\tau)=0 \tag{5-31}$$

相变蓄热器外壁面及内管轴心边界条件：

$$\frac{\partial T_{PCM}}{\partial y}\bigg|_{y=2r}=0 \tag{5-32}$$

$$\frac{\partial T_{HTF}}{\partial y}\bigg|_{y=0}=0 \tag{5-33}$$

式中,入口边界处的温度为 T_{in},其中 $x=0$ 表示边界的 x 坐标;入口边界处的 x 方向速度为 v_{in};$\left|\dfrac{\partial T_{PCM}}{\partial y}\right|_{y=2r}=0$ 表示在相变蓄热器外壁面 $y=2r$ 处,温度沿 y 方向的变化率为 0;$\left|\dfrac{\partial T_{HTF}}{\partial y}\right|_{y=0}=0$ 表示在内管轴心 $y=0$ 处,热传导液体温度沿 y 方向的变化率为 0。

本小结主要简述网格局部密化,得到以下网格,其局部网格如图 5-41 所示。

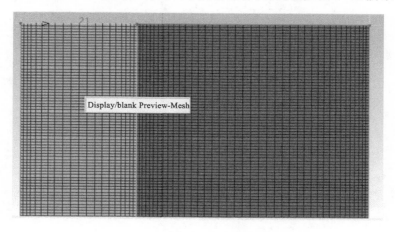

图 5-41 网格局部示意图

5.3.4 物性参数设定

（1）对重力及瞬态计算方式进行设定,操作及参数如图 5-42 所示。

（2）对求解方程进行设置,主要采用能量方程、湍流方程以及凝固/熔化方程,具体设置如图 5-43～5-45 所示。

（3）对物性参数进行设置,主要是对 PCM 进行设置。设置操作如图 5-46 所示。

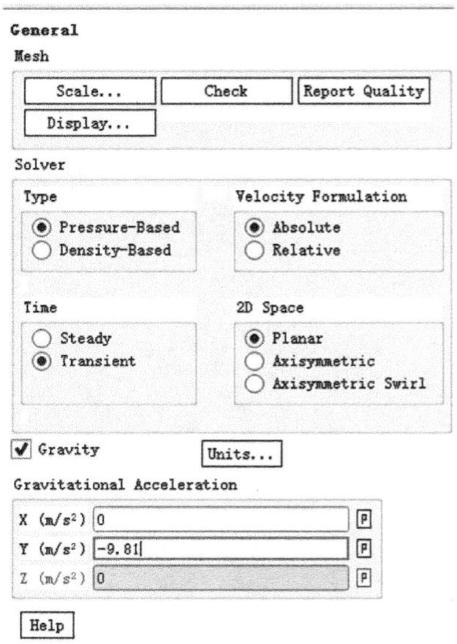

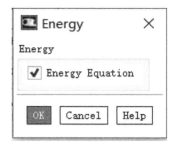

图 5-42　重力条件设置示意图　　　　　　　　图 5-43　能量方程设置示意图

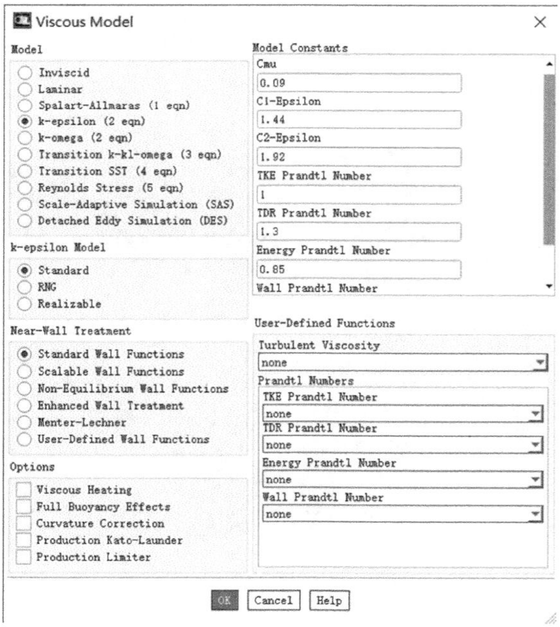

图 5-44　湍流方程设置示意图

其中 PCM 的密度和比热容采取的是 Piecewise-Linear 形式设置。采取四点式设置，即 Points 设置 4 个点：Points 1-Temperature（K）0-Value（kg/m³）860；Points 2-Temperature（K）313-Value（kg/m³）860；Points 3-Temperature（K）315-Value（kg/m³）780；Points 4-Temperature（K）400-Value（kg/m³）780；

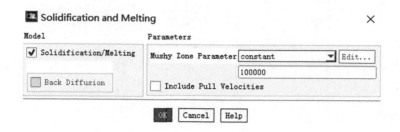

图 5-45　凝固/熔化方程设置示意图

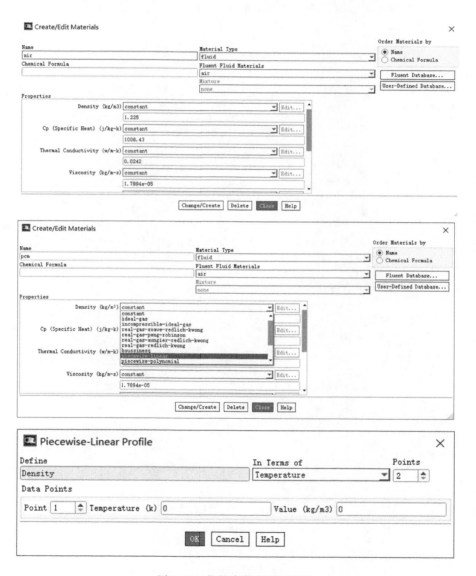

图 5-46　物性参数设置示意图

（4）对比热容设置 4 个点：Points 1-Temperature（K）0-Value（j/kg-k）2800；Points 2-Temperature（K）313-Value（j/kg-k）2800；Points 3-Temperature（K）315-Value（j/kg-k）2400；Points 4-Temperature（K）400-Value（j/kg-k）2400；

（5）从库中选择"water-liquid（h2o＜l＞）"和"copper"作为 HTF 和管道材料，具体设置如图 5-47 所示。

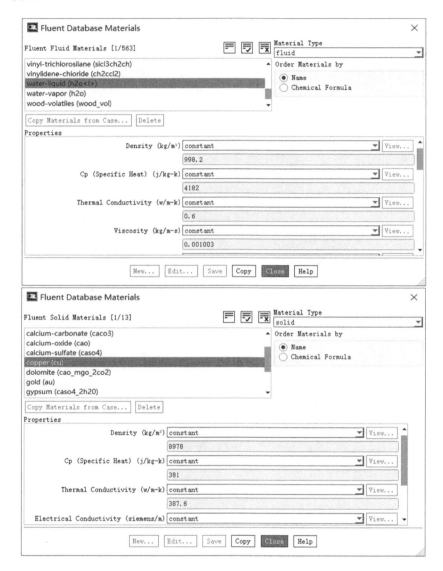

图 5-47　库中材料物性选择示意图

5.3.5　边界条件设定

首先对计算域内材料进行设定，主要操作如图 5-48 所示。

对边界条件的设置：

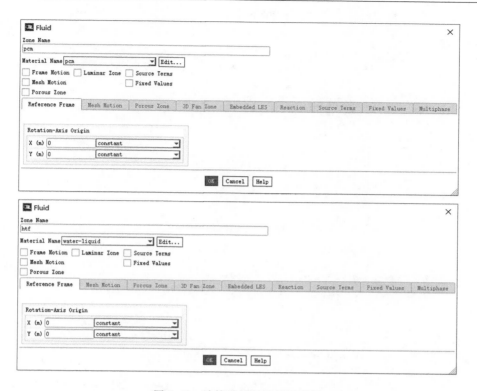

图 5-48　计算域材料设置示意图

（1）耦合界面（couple interface）：HTF 与 PCM 的交界面，使用铜（copper）作为耦合界面材料。壁厚设定为 0.002 m。

（2）入口（inlet）：设置为速度入口（inlet-velocity），入口速度为 1.5 m/s，入口温度为 343 K。

（3）出口（outlet）：设置为压力出口（pressure-outlet），回流温度为 325 K。

其他边界条件（other boundaries）：设定为绝热边界。这意味着系统的其他边界没有热量交换，热量在这些边界上被绝热隔离。如图 5-49～5-52 所示。

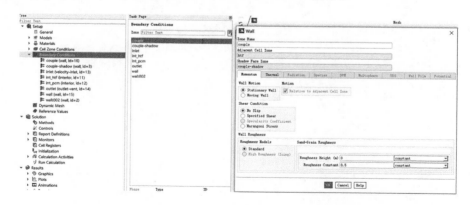

图 5-49　耦合界面条件设置示意图

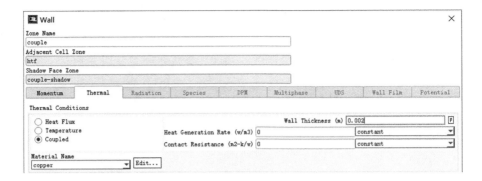

图 5-49　（续）

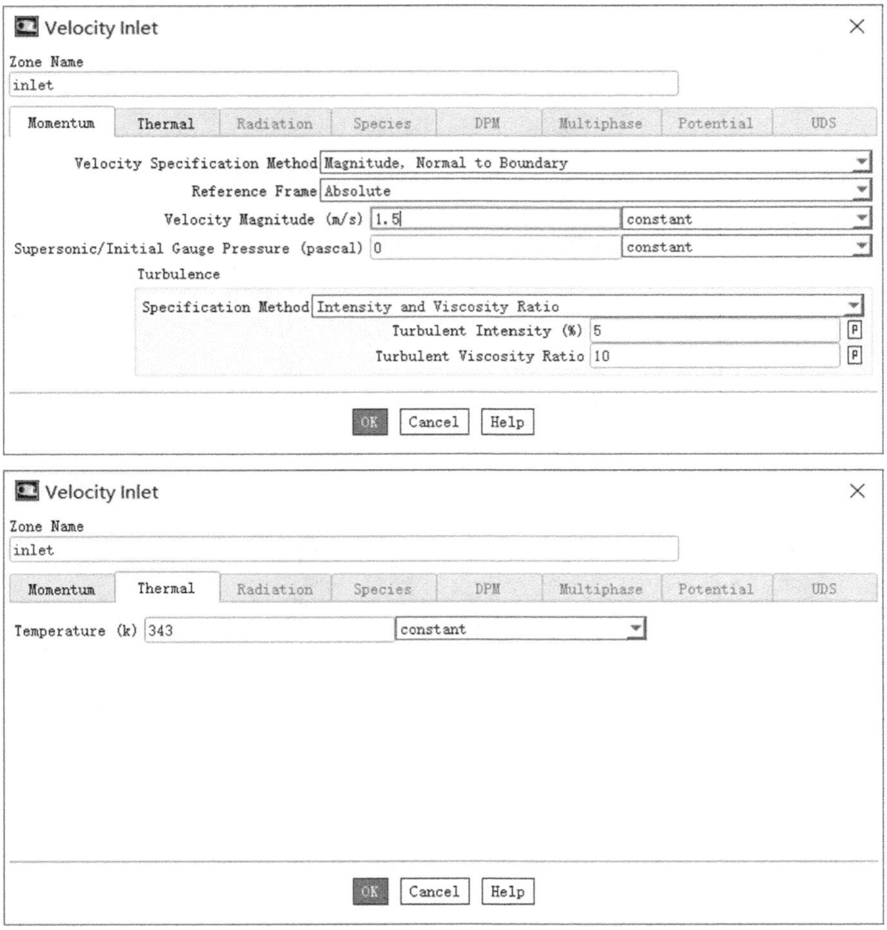

图 5-50　入口边界条件设置示意图

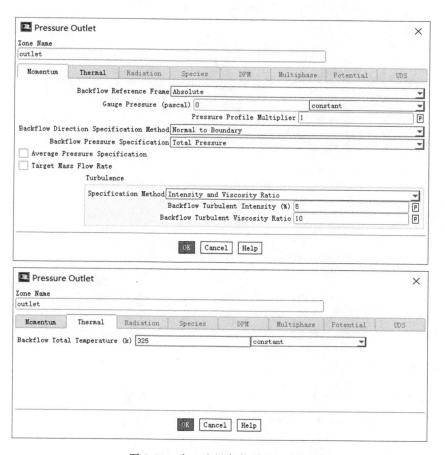

图 5-51　出口边界条件设置示意图

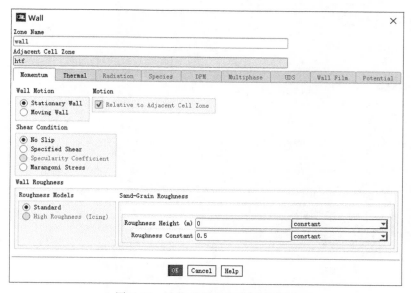

图 5-52　绝热边界条件设置示意图

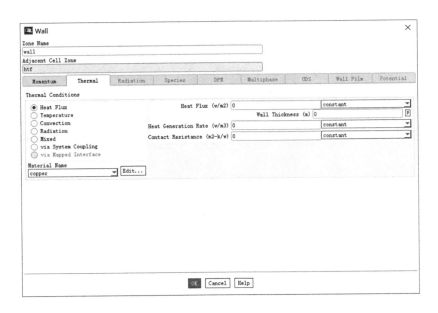

图 5-52 （续）

5.3.6 监测数据设定

相变蓄热器蓄热过程及 PCM 熔化过程主要通过其液相率进行体现。因此,对液相率设定进行讲解,其具体操作如图 5-53 所示。同理设置出 PCM 单元的温度检测点。

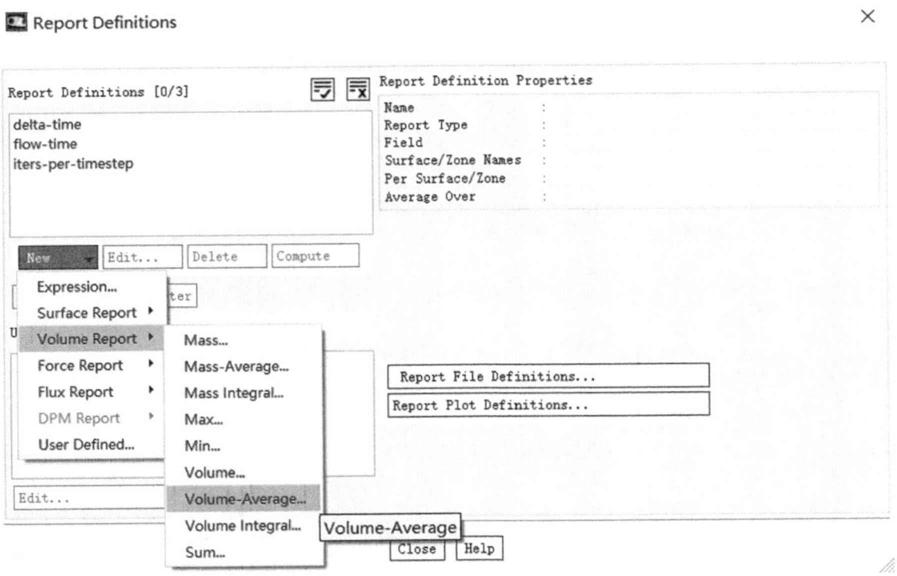

图 5-53 数据监测设置示意图

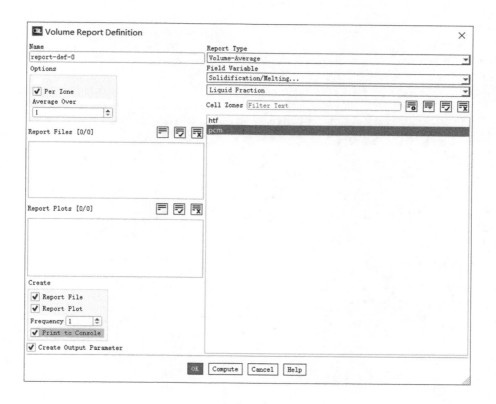

图 5-53 （续）

5.3.7 求解设定

（1）对求解器的设置：

① 找到并双击"Solution Methods"，以打开求解器选项。

② 在"Spatial Discretization"部分，选择"Scheme"为"Coupled"，表示采用耦合求解方案。

③ 在"Gradient"部分，选择"Green-Gauss"，表示使用基于格子的 Green-Gauss 梯度计算方法。

④ 在"Pressure"部分，选择"Standard"，表示使用标准压力计算方法。

其他选项保持默认设置，具体操作如图 5-54 所示。

（2）对整个计算域进行数值初始化，将初始温度设置为 293 K，其他参数设置见图 5-55。

（3）设置自动保存，每 100 个时间步长进行一次保存，各参数设置见图 5-56。

（4）设置时间步长以及运行总时间，单击"calculate"，设置如图 5-57 所示。

5.3.8 结果分析

PCM 单元温度云图与液相率云图如 5-58 所示。

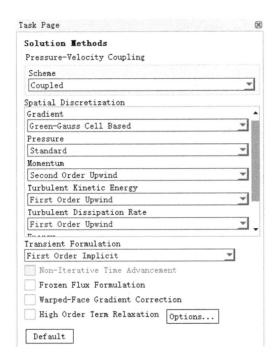

图 5-54　求解器设置示意图

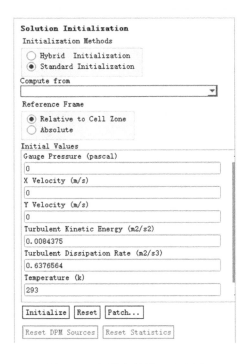

图 5-55　初始条件设置示意图

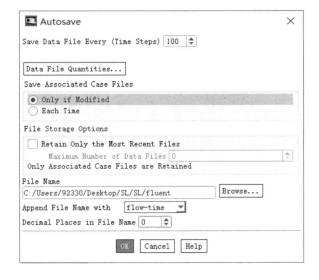

图 5-56　自动保存设置示意图

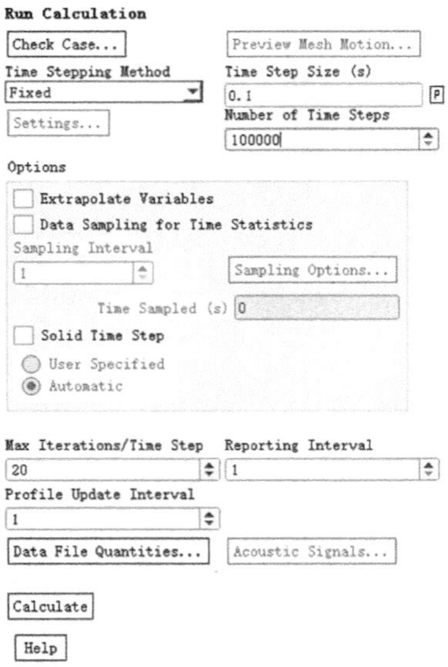

图 5-57　时间步长及运行时间设置示意图

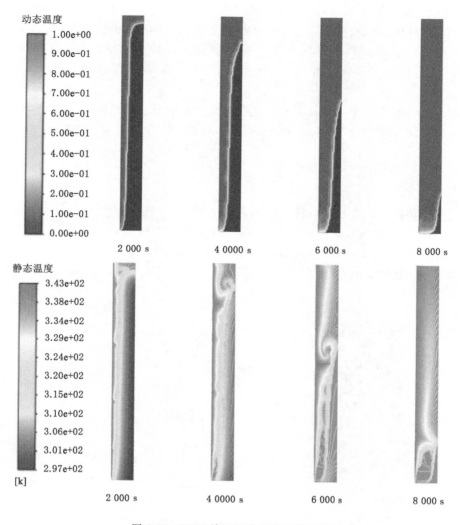

动态温度

静态温度

[k]

图 5-58   PCM 单元温度及液相率云图

5.4   光学测量段内颗粒运动特性及分布规律分析

5.4.1   工程背景

多元热流体吞吐是一种新一代稠油热力采油技术,利用航天火箭发动机的燃烧喷射机理,燃油与空气混合燃烧将水加热汽化,连同燃烧产生高温高压的烟道气,形成由 CO_2、N_2 和水蒸气等组成的高压多元热流体混合物,直接注入油层进行吞吐采油。为保证注汽生产工作和多元热流体协同增产效应,实时在线监测多元热流体中蒸汽干度和 CO_2 含量意义显著。

可调谐半导体激光吸收光谱技术(tunable diode laser absorption spectroscopy,

TDLAS)已经逐步应用于工业过程中的多组分气体检测。该技术具有灵敏度高、响应快、高分辨率和非接触测量等优点,可应用于多元热流体中蒸汽干度和CO_2含量检测。然而,多元热流体发生器中燃料不完全燃烧使得其流体中掺混较多颗粒物,测量环境中的颗粒物会对激光光束产生散射、吸收等衰减效应,导致气体浓度最终检测结果产生偏差。

故有必要研究多元热流体原位激光检测系统中光学测量段内气固两相流动,分析不同粒径颗粒相运动特性及分布规律,为多元热流体激光在线检测设备开发提供一定的指导与参考。

5.4.2 物理模型

多元热流体原位激光检测系统光学测量段整体形如"十字四通管",高度为 400 mm,宽度为 200 mm,由管壁和光学窗口组成,其基本构造如图 5-59 所示。主体部分为较长段,其上下两端分别是掺混颗粒多元热流体的进出口,内径为 95 mm,外径为 120 mm;较短段的左右两端分别为探测激光的进出口,并嵌有厚 14 mm、半径为 15 mm 的熔融石英窗片。

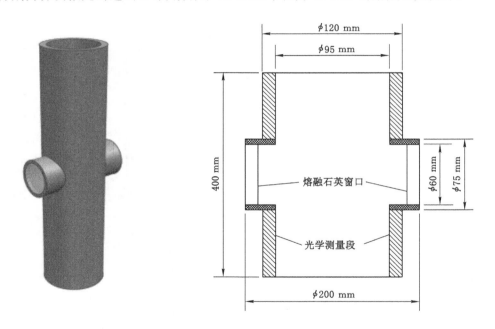

图 5-59　光学测量段气固两相流动物理模型

气固两相流数学模型存在如下假设:

(1) 固体颗粒为粒径相同的球体,且不考虑颗粒之间的相互作用;

(2) 多元热流体为不可压缩的牛顿流体;

(3) 光学测量段内流动为定常流动;

(4) 忽略固体颗粒所受到的外部体积力、升力、虚拟质量力等力的作用,考虑热泳力和气固两相间相互作用的影响。

5.4.3 数学模型

（1）气相控制方程

① 连续性方程

$$\frac{\partial \rho}{\partial t} + \frac{\partial (\rho u_j)}{\partial x_j} = 0 \tag{5-34}$$

式中，ρ 为密度；u_j 为 j 向速度分量；t 为时间；i、j 为坐标方向。

② 动量方程

$$\frac{\partial}{\partial t}(\rho u_i) + \frac{\partial}{\partial x_j}(\rho u_i u_j) = -\frac{\partial p}{\partial x_i} + \frac{\partial}{\partial x_j}\left[(\mu + \mu_t)\left(\frac{\partial u_i}{\partial x_j} + \frac{\partial u_j}{\partial x_i}\right) - \frac{2}{3}\delta_{ij}(\mu + \mu_t)\frac{\partial u_k}{\partial x_k}\right] + \rho g + f_d \tag{5-35}$$

式中，u_i 为 i 向速度分，m/s；u_k 为 k 向速度分量，m/s；p 为压力，Pa；μ 为黏性系数，Pa·s；μ_t 为湍动黏度，单位为 Pa·s，$\mu_t = c_\mu \rho k 2/\varepsilon$；$c_\mu$ 为经验常数，$c_\mu = 0.09$；k 为湍动能，ε 为耗散率，m²/s³；δ_{ij} 为克罗内克函数；f_d 为颗粒与流体间的相互作用力，单位为 N，$f_d = (v - u)$，其中 v 为固体颗粒速度，u 为气相速度；g 为重力加速度，m/s²；i、j、k 为坐标方向。

③ 组分守恒方程

本模拟研究不涉及化学反应，因此采用无化学反应的组分守恒方程：

$$\frac{\partial (\rho \omega)}{\partial t} \frac{\partial (\rho u_j \omega)}{\partial x_j} = \frac{\partial}{\partial x_j}\left(\rho D \frac{\partial \omega}{\partial x_j}\right) \tag{5-36}$$

④ 湍流模型

k 方程：

$$\frac{\partial (\rho k)}{\partial t} + \frac{\partial (\rho u_j k)}{\partial x_j} = \frac{\partial}{\partial x_j}\left[\left(\mu + \frac{\mu_t}{\sigma_k}\right)\frac{\partial k}{\partial x_j}\right] + G - \rho \varepsilon + S_d^k \tag{5-37}$$

式中，S_d^k 为与固体颗粒有关的源项，$S_d^k = \beta |u - v| 2 + \beta(\delta_v \delta_v - \delta_u \delta_v)$，其中 β 为曳力函数，δ 为瞬时速度脉动量。流经光学测量管段掺混颗粒多元热流体属于稀相气固两相流，故不考虑再分布项 $\beta(\delta_v \delta_v - \delta_u \delta_v)$。

ε 方程：

$$\frac{\partial (\rho \varepsilon)}{\partial t} + \frac{\partial (\rho u_j \varepsilon)}{\partial x_j} = \frac{\partial}{\partial x_j}\left[\left(\mu + \frac{\mu_t}{\sigma_k}\right)\frac{\partial \varepsilon}{\partial x_j}\right] + \frac{\varepsilon}{k}(c_1 G - c_2 \rho \varepsilon) + S_d^\varepsilon \tag{5-38}$$

式中，σ_k 为湍动能 k 对应的普朗特数，$\sigma_k = 1.0$；c_1、c_2 为经验常数，$c_1 = 1.44$，$c_2 = 1.92$；G 为平均速度梯度引起的紊乱动能产生项；$S_d^\varepsilon = c_3 \varepsilon / k$，$c_3$ 为源常数项，$c_3 = 1.2$。

（2）颗粒相受力平衡方程

DPM 模型通过积分拉格朗日（Lagrangian）参考系下的分散相颗粒的运动方程计算其运动轨迹。由颗粒的惯性与受力平衡，离散相颗粒运动方程为（以直角坐标系内 x 方向为例）：

$$\frac{du_p}{dt} = f_D(u - u_p) + \frac{gx(\rho_p - \rho)}{\rho_p} + f_x \tag{5-39}$$

式中，f_x 为附加加速度项（单位颗粒质量的力）；等号右边第二项为单位颗粒质量的重力与浮力的合力；$f_D(u - u_p)$ 为单位颗粒质量受到的阻力。u 为连续相速度；u_p 为颗粒相速度；ρ 为连续相密度；ρ_p 为颗粒相密度。

颗粒所受拖曳力的大小与多种因素有关，为了便于研究，引入阻力系数的概念，其表达式为：

$$C_D = \frac{F_r}{\frac{\pi d_p^2}{4} \cdot \frac{1}{2}\rho(u-u_p)^2} \tag{5-40}$$

式中，d_p 为颗粒直径；F_r 为颗粒所受阻力，固体颗粒所受阻力可表示为：

$$F_r = \frac{\pi d_p^2}{4} \cdot C_D \cdot \frac{1}{2}\rho \mid u - u_p \mid (u - u_p) \tag{5-41}$$

颗粒处在有温度梯度的流场中，将受到来自高温区的热压力而向低温区迁移，这种现象被称为热泳。以 x 方向为例，热泳力（单位颗粒质量的）表达式为：

$$f_{T,x} = -D_{T,P} \cdot \frac{1}{mpT} \cdot \frac{\partial T}{\partial x} \tag{5-42}$$

式中，$D_{T,P}$ 为热泳系数。热泳系数可以为常数、温度依变函数或用户自定义函数（UDF）。

5.4.4 网格划分

如图 5-60 所示，采用 ANSYS ICEM 软件划分结构性网格，分为流体域、熔融石英玻璃固体域和光学测量段管体固体域，并对近壁面网格进行加密处理，接着将其导入 FLUENT 中进行模拟计算。

图 5-60　网格划分结果

5.4.5 物性参数设定

本算例涉及材料包括多组分气体、碳钢以及熔融石英玻璃，其中多组分气体采用多组分运输模型中默认的参数，具体设置方式见图 5-61；碳钢和熔融石英玻璃的物性参数如表 5-6 所示。

表 5-6　材料的物性参数

物性/材料	导热系数/[W·(m·℃)$^{-1}$]	比热/[J·(kg·℃)$^{-1}$]	密度/(kg·m^{-3})
碳钢	49.8	465	7 850
熔融石英玻璃	1.4	710	2 200

5.4.6 边界条件设定

气相流场的准确计算与模拟是准确研究离散相颗粒行为的先决条件。仿真计算中气相

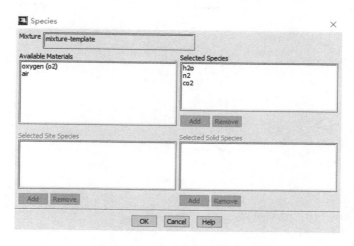

图 5-61 多组分气体物性参数设定

采用如下设置,湍流模型设置为标准 k-ε 模型,标准壁面函数法求解近壁面流动。入口为速度入口,出口为自由流出口。入口流进配比分别为 50%、45%、5% 的 CO_2、N_2、水蒸气多组分气体,流入速度为 15 m/s,温度为 473 K。入口设为速度入口,流速为 15 m/s。光学测量管段管体外边界的设置如下:

(1) 室外温度:设定为 25 ℃,相当于 298.15 K。这是管体外表面与室外环境的温度差。

(2) 外界对流换热系数:设定为 8 W/(m² · ℃)。外界对流换热系数表示外部流体(例如空气)与管体表面之间的热量传递速率,数值越大表示传热速率越大。

(3) 考虑与外界的辐射换热:采用 DO(discrete ordinates)辐射模型,是一种常用的辐射传热模型。该模型将辐射传热方程离散化,并通过求解辐射强度沿不同方向的分布来模拟辐射传热过程。

(4) 内边界自动耦合:具体设置见图 5-62。这表示管体内部的边界条件与管体外部的边界进行自动耦合,实现内外部流体之间的热量交换。对于熔融石英玻璃外边界采用相似的设置,具体设置见图 5-63。

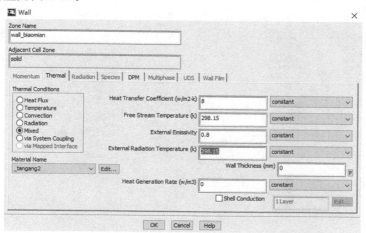

图 5-62 光学测量管段管体外边界设置

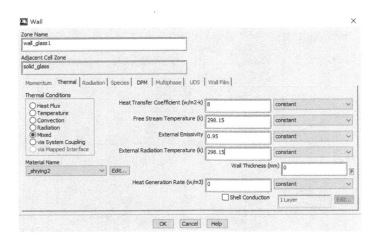

图 5-63 熔融石英玻璃外边界设置

该案例涉及稀相气固两相流,并采用了 DPM(discrete phase model)模型。以下是具体的设置:

(1) 离散相固体颗粒:定义为碳颗粒,形状为球形,粒径为 10 μm。这些参数用于描述模拟中的固体颗粒的几何形状和大小。

(2) 颗粒注射:采用面类型,并选择 inlet 面。这意味着在仿真开始时,固体颗粒将从入口面注入流场。

(3) 颗粒温度和初始速度:与气相保持一致。在此案例中,颗粒的温度设定为 473 K,初始速度设定为 15 m/s。这意味着颗粒的温度和速度与周围的气体相等。

(4) 质量流率:设定为 0.000 4 kg/s。这表示每秒注入流场的颗粒质量。

(5) 考虑热泳力和随机轨道模型:在 DPM 模型中,热泳力和随机轨道模型是用于描述颗粒在气体流场中运动的力和运动模式的模型。热泳力考虑了颗粒由于气体分子的热扰动而产生的随机运动力,随机轨道模型用于模拟颗粒在流场中的随机运动轨迹,具体设置见图 5-64 和图 5-65。

图 5-64 DPM 模型设置

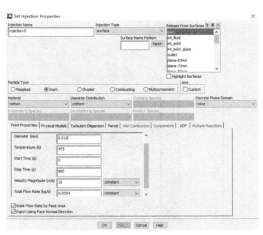

图 5-65 颗粒注射参数设置

5.4.7　监测数据设定

根据所需监测的数据,设置监测点,如图 5-66 所示。本算例研究颗粒分布规律,故选取特定截面,监测截面上的颗粒相浓度的平均值,因此"Report Type"选择"Area-Weighted Average"。

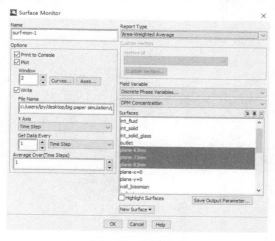

图 5-66　监测设置

5.4.8　求解设定

(1) 求解方法设定

求解器的类型选择为"Pressure-Base",速度-压力耦合计算采用 SIMPLE 算法,压力、动量、组分采用二阶迎风差分格式,具体设置如图 5-67 所示。

(2) 求解步骤

先稳态计算连续场收敛,将残差设定为"1e-02"。待连续场收敛之后,开启 DPM 模型,非稳态计算连续场和离散相,将残差设定为"e-03",计算时长和时间步长设定如图 5-68 所示。

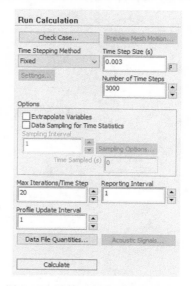

图 5-67　求解方法设定　　　　　图 5-68　计算时长和时间步长设定

5.4.9 结果分析

光学测量段剖面速度场如图 5-69 所示,光学测量段光学测量口内颗粒运动轨迹如图 5-70 所示,光学测量段内颗粒分布规律如图 5-71 所示。

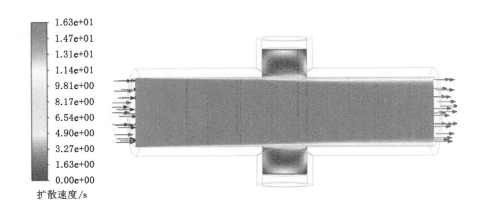

图 5-69 光学测量段剖面速度场

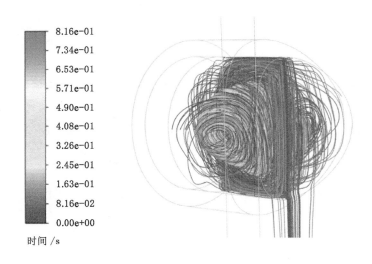

图 5-70 光学测量口内颗粒运动轨迹

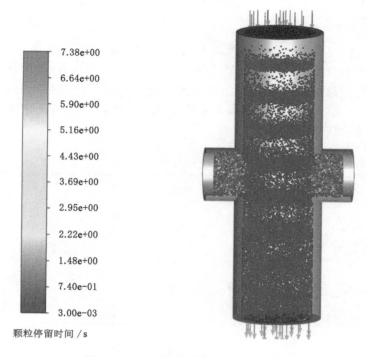

颗粒停留时间 / s

图 5-71　光学测量段内颗粒分布规律

5.5　氨制冷机房管道泄漏分析

5.5.1　工程背景

　　近年来,随着我国经济社会发展,大型工业企业大量涌现,众多生产车间需要配套制冷系统为工作生产提供必要支持。而制冷剂作为制冷机主要循环工质,对制冷循环运行起着举足轻重的作用。根据我国签署的《关于消耗臭氧层物质的蒙特利尔议定书》,目前我国履行该协议的主要任务是加速淘汰含氢氯氟烃(即 HCFC)制冷剂。众多专家学者对氨(R717)的热力性质和理化指标进行研究,R717 的 ODP 和 GWP 均为 0,其以优良的环境友好特性与高效可靠的热力性能成为新一轮制冷剂的替代品。

　　但由于涉氨制冷企业并未划入化工行业范畴,对其监管缺乏威慑力和重视度,其安全规范措施也并未形成制度体系,并且部分私营企业因过度追求经济利益而削弱了在氨制冷系统检修、维护成本等方面的投入,导致氨泄漏事故频发。氨制冷系统的制冷压力管道容易出现腐蚀性穿孔、阀门连接处垫片失效、压缩机吸排气口紧固件松弛等问题,导致冷媒泄漏事故频发。一旦发生泄漏,若未及时处理,则会带来严重的安全隐患;轻则污染生态环境,重则导致人生命财产安全遭受严重损失。

　　本算例结合工程情况,建立更接近实际的氨制冷机房管道泄漏模型,探究封闭空间内氨泄漏的扩散规律及分布情况,为氨制冷机房管道泄漏检测方法提供理论支持。

5.5.2 物理模型

物理模型如图 5-72 所示,制冷机房水平长度为 13.5 m,垂直高度为 5.3 m,左侧沿壁面开设 3 个进风口,口径均为 0.5 m,分别位于底部、中部和顶部。右侧壁面亦开设 3 个出风口,尺寸和高度与进风口的相同。3 台压缩机剖面直径为 0.5 m,低压循环桶尺寸为 1 m× 2 m,贮液桶尺寸为 3 m×1 m。机房内所有设备均水平排列,并且离地面高度为 0.2 m。其中,泄漏源位于 2 号压缩机。

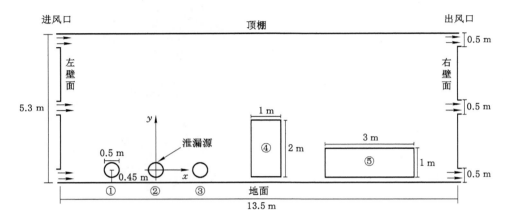

图 5-72　光学测量段气固两相流动物理模型

5.5.3 数学模型

（1）连续性方程

$$\frac{\partial \rho}{\partial t} + \frac{\partial (\rho u_x)}{\partial x} + \frac{\partial (\rho u_y)}{\partial y} + \frac{\partial (\rho u_z)}{\partial z} = 0 \tag{5-43}$$

式中,u_x、u_y、u_z 为 x、y、z 三个方向的速度分量;t 为时间,s;ρ 为密度。

（2）动量守恒方程

$$\frac{\partial (\rho u_x)}{\partial t} + \nabla \cdot (\rho u_x \boldsymbol{u}) = -\frac{\partial p}{\partial x} + \nabla \cdot (\mu \operatorname{grad} u_x) + S_{ux} \tag{5-44}$$

$$\frac{\partial (\rho u_y)}{\partial t} + \nabla \cdot (\rho u_y \boldsymbol{u}) = -\frac{\partial p}{\partial y} + \nabla \cdot (\mu \operatorname{grad} u_y) + S_{uy} \tag{5-45}$$

式中,u_x、u_y 为 x、y 两个方向的速度分量;t 为时间;p 为流体微元上的压强;μ 为动力黏度;ρ 为密度;S_{ux}、S_{uy}、S_{uz} 为广义源项,不可压缩流体黏性为常数时取 0。

（3）能量守恒方程

$$\frac{\partial (\rho T)}{\partial t} + \frac{\partial (\rho u_x T)}{\partial x} + \frac{\partial (\rho u_y T)}{\partial x} + \frac{\partial (\rho u_z T)}{\partial z} = \frac{\partial}{\partial x}\left(\frac{k}{C_p}\frac{\partial T}{\partial x}\right) + \frac{\partial}{\partial y}\left(\frac{k}{C_p}\frac{\partial T}{\partial y}\right) + \frac{\partial}{\partial z}\left(\frac{k}{C_p}\frac{\partial T}{\partial z}\right) + S_T \tag{5-46}$$

式中,u_x、u_y、u_z 为 x、y、z 三个方向的速度分量;T 为温度;k 为流体导热系数;C_p 为定压比热容;S_T 为黏性耗散项。

（4）组分运输方程

根据假设,本模拟中制冷机房氨气泄漏扩散过程中与空气之间无化学反应,因此采用无化学反应的组分输运方程:

$$\frac{\partial(\rho\omega_i)}{\partial t} + \frac{\partial(\rho\omega_i u_x)}{\partial x} + \frac{\partial(\rho\omega_i u_y)}{\partial y} + \frac{\partial(\rho\omega_i u_z)}{\partial z} = \frac{\partial}{\partial x}\left[D_i\frac{\partial(\rho\omega_i)}{\partial x}\right] + \frac{\partial}{\partial y}\left[D_i\frac{\partial(\rho\omega_i)}{\partial y}\right] + \frac{\partial}{\partial z}\left[D_i\frac{\partial(\rho\omega_i)}{\partial z}\right]$$

$$(5\text{-}47)$$

式中,ω_i 为组分 i 的质量分数;Ds 为组分 i 的扩散系数。

（5）湍流模型

本模拟中氨气扩散处于复杂的湍流状态,因此采用 RNG $k\text{-}\varepsilon$ 模型进行制冷机房内流场的数值模拟,其方程如下:

湍动能方程:

$$\frac{\partial(\rho k)}{\partial t} + \frac{\partial(\rho k u_x)}{\partial x_i} = \frac{\partial}{\partial x_j}\left[(\alpha_k\mu_{\text{eff}})\frac{\partial k}{\partial x_j}\right] + G_k + G_b - \rho\varepsilon - Y_M \qquad (5\text{-}48)$$

耗散率方程:

$$\frac{\partial(\rho k)}{\partial t} + \frac{\partial(\rho k u_i)}{\partial x_i} = \frac{\partial}{\partial x_j}\left[(\alpha_\varepsilon\mu_{\text{eff}})\frac{\partial k}{\partial x_j}\right] + C_{1\varepsilon}\frac{\varepsilon}{k}(G_k + C_{3\varepsilon}G_b) - C_{2\varepsilon}\rho\frac{\varepsilon^2}{k} - R \quad (5\text{-}49)$$

式中,G_k 为由平均速度梯度引起的湍动能;G_b 为由浮力作用引起的湍动能;Y_M 为可压缩湍流脉动膨胀对总耗散率的影响;$C_{1\varepsilon}$、$C_{2\varepsilon}$、$C_{3\varepsilon}$ 为经验常数,FLUENT 软件中的默认值分别为 1.44、1.92 和 0.09;α_k 为湍动能有效普朗特数的倒数;α_ε 为耗散率有效普朗特数的倒数。

5.5.4　网格划分

对制冷机房计算域进行分区,采用混合网格划分。对氨气泄漏源周围和各设备外壁面附近进行网格加密,对其采用数量更多、形式更复杂的非结构化网格,其他区域采用结构化网格,这种网格划分策略可以提高计算速率和计算精度,网格划分如图 5-73 所示。

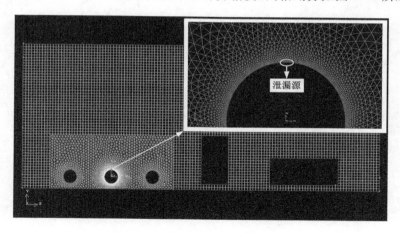

图 5-73　制冷机房计算域网格划分

对网格质量进行检查,如图 5-74 所示。本算例网格单元总计 13 452 个,网格节点 9 942 个,所有网格偏斜度都处于在 0.55 以下,其中 0～0.06 范围内的占比为 89.48%,说明网格划分质量较好。

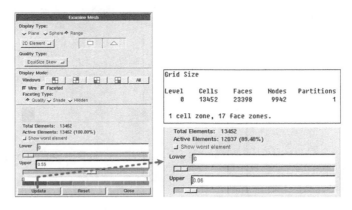

图 5-74 网格质量检查

5.5.5 物理参数设定

(1) 打开 FLUENT 启动界面,如图 5-75 所示。在"Options"中勾选"Double Precision"选项,在"Solver Processes"中选择计算所占用计算机的核心数,"Working Directory"为计算用的文件夹。

图 5-75 FLUENT 启动界面功能设置

（2）设定好上述条件后点击"Start With Selected Options"，打开 FLUENT 主界面，点击"File"→"Read"→"Mesh"，导入（.msh）文件，如图 5-76 所示。导入后如图 5-77 所示，若未出现预览模型，单击"Display"，按图 5-78 操作。

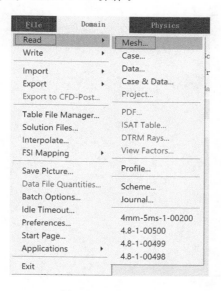

图 5-76　导入文件

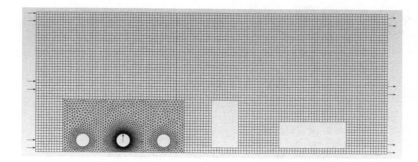

图 5-77　模型导入

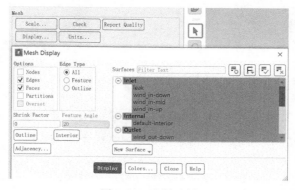

图 5-78　边界选择

（3）点击"Scale"设定模型比例，在"Type"中"Pressure-Based"压力基求解器，在"Time"中选择"Transient"，勾选"Gravity"选项，设定重力加速度，按图5-79、图5-80操作。

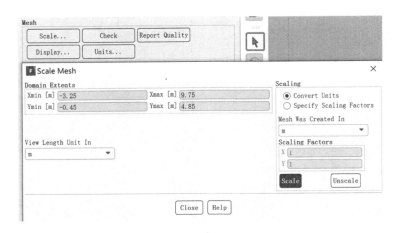

图 5-79　设定模型基本参数

图 5-80　求解器选择

（5）双击"Energy"（能量方程）并勾选"Energy Equation"，点击"OK"，如图5-81所示。

（6）双击"Viscous"，在"Model"中选择"k-epsilon"在"k-epsilon Model"中选择"RNG"模型，点击"OK"，如图5-82所示。

（7）双击"Species"，弹出如图5-83所示的对话框，在"Model"中选择"Species Transport"，在"Mix Material"中选择"mixture-template"，点击"Edit..."对材料进行编辑。

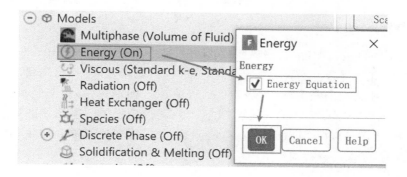

图 5-81　添加能量方程

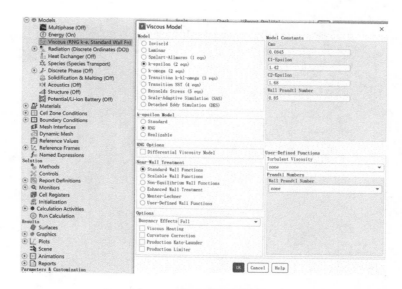

图 5-82　设置速度观察截面

图 5-83　材料物性设置

（8）对材料进行设置，双击"Materials"，添加所需材料。本算例中混合部分材料为空气和氨气，可在材料库中进行查找。

5.5.6 边界条件设定

（1）对边界条件进行设定，找到界面或菜单中的"Boundary Conditions"（边界条件）选项，并点击进入；在边界条件列表中找到"Inlet"（入口）选项，并选择该选项；在"Inlet"（入口）设置中，您可能会找到相关参数，例如"Leak Rate"（泄漏速率）、"Turbulent Intensity"（湍流强度）和"Hydraulic Diameter"（水力直径）。请按照您的需求设置这些参数；根据图示例中的要求（图 5-84），在"Thermal"（热匹配）选项中设置泄漏介质的温度；其他选项通常可以保留默认值，如果没有特别要求的话；完成边界条件的设置后，确认并保存所做的更改，初始温度各参数设置见图 5-85。

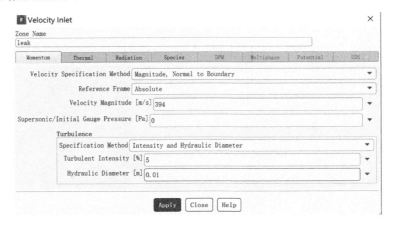

图 5-84　边界条件设置

图 5-85　初始温度设置

（2）设定左侧通风口处的边界条件为速度入口（Velocity Inlet），右侧通风口处的边界条件为自由出流（Outflow），其他边界条件均为壁面（Wall），如图 5-86 所示。

5.5.7 监测数据设定

（1）根据所需监测的数据设置监测点，具体步骤如图 5-87 所示。若该算例监测对象为

图 5-86　出入口设置

面上的某一点的平均值,选择"Vertex Average…";若监测对象为其他物理量,选择对应选项即可。

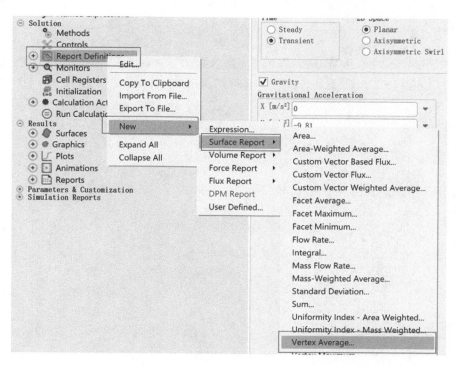

图 5-87　监测点设置

（2）如图 5-88 所示，找到界面或菜单中的"Report Files"（报告文件）和"Report Plots"（报告绘图）选项，并点击进入；在报告文件设置中，勾选"Report Files"（报告文件）选项，以启用导出模拟结果到文件中；在报告绘图设置中，勾选"Report Plots"（报告绘图）选项，以启用生成模拟结果的图形；根据图示要求，在监测内容和监测对象设置中，勾选您所需的参数和变量。这可能包括温度、速度、压力等；完成设置后，确认并保存所做的更改。

图 5-88　选择监测内容

5.5.8　求解设定

（1）在"Solution"中双击"Methods"，选择离散求解方法，如图 5-89 所示。为提高收敛精度在"Scheme"中选用"PISO"，若要提高计算速度，各项可采用一阶迎风格式（First Order Upwind）。

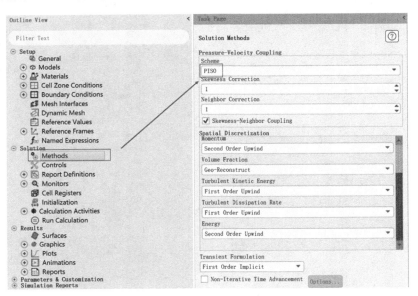

图 5-89　选择离散求解方法

（2）上述步骤完成后进行初始化，各项设置如图 5-90 所示。再点击"Patch…"，对空间区域的参数进行初始设定。

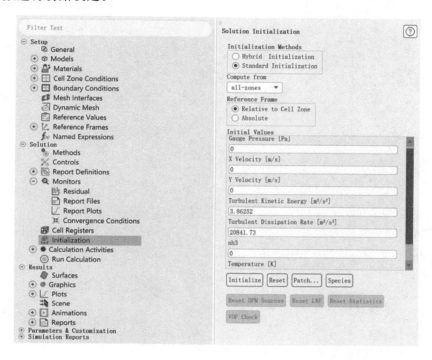

图 5-90　对空间区域的参数进行初始设定

（2）根据所需对保存方式进行设定，如图 5-91 所示。

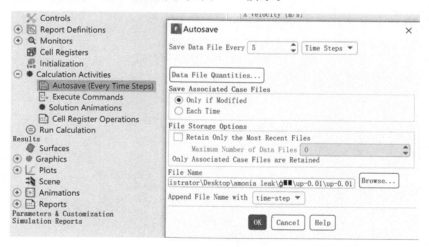

图 5-91　保存方式设定

（3）对模型进行计算，相关设定如图 5-92 所示，计算步数为 100 步，时间步长为 0.2 s，每次最大迭代步数为 500 次。

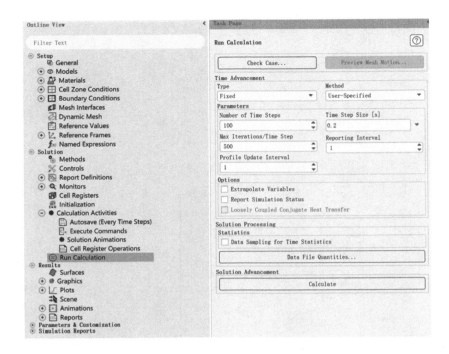

图 5-92　模型计算设定

5.5.9　结果分析

（1）计算完成后查看云图，操作步骤如图 5-93 所示。双击"Contours"，按图 5-94 操作进行显示设置，查看氨气的体积分数。

图 5-93　查看云图

（2）计算得到的氨气分布云图如图 5-95 所示。

图 5-94 选择查看的部位

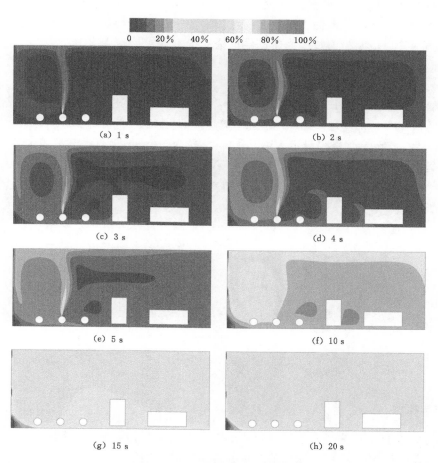

图 5-95 不同时刻氨气分布云图

5.6 埋地输油管道泄漏分析

5.6.1 工程背景

当前我国是全球最大的原油进口国、全球第二大石油消费国,我国对油气资源的需求逐年增加,我国的输油管道等配套设施建设也逐步完善,预计至 2025 年我国油气管网规模将达 24 万公里,全国省区市成品油、天然气主干管网全部连通。

埋地管道输送作为主要的原油输配方式,具有不与地面设施干扰,节省地上空间,减少自然和人为破坏,敷设施工成本低等优点,但其安全隐患也不可忽视。随着管道服役年限的增长以及受不可避免的运行磨损、腐蚀缺陷、地质变化破坏等原因的影响,管道泄漏事故频发,一旦原油发生泄漏就会造成土壤及地下水资源污染,影响监测装置的灵敏度,对管道修补造成一定的困难,更为严重的会在地表形成油池,随时都有可能引发火灾甚至爆炸。不仅给国家造成直接经济损失,且会给人民群众生命财产安全带来严重威胁。

本算例结合实际工程情况,建立更贴近于实际情况的埋地管道原油泄漏模型,探究地面近场输油管道泄漏环境下原油在土壤多孔介质中的扩散迁移特性,为原油污染土壤修复技术及埋地输油管道泄漏检测技术创新提供理论支持。

5.6.2 物理模型

埋地管道原油在土壤中泄漏,模型土壤分为回填土与原状土两部分,两种土壤孔隙率不同,建立 20 m×15 m 的埋地管道原油泄漏计算区域,地表以下部分深 10 m,管道底部距地表 2.0 m,管径为 500 mm,泄漏口设定为圆形孔口,孔径为 10 mm,地表空气区域为 20 m×5 m。回填沟槽呈梯形,上边长 6 m,下边长 4 m,其侧方两边与地面坡度角为 60°,如图 5-96 所示。

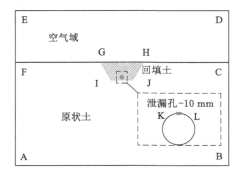

图 5-96 埋地管道原油模型

5.6.3 数学模型

泄漏原油穿过土壤多孔介质区域到达土壤表层与空气的接触面,该渗流过程遵循质量守恒方程、动量守恒方程;由于原油输送过程需要保温,泄漏时原油温度较高,而土壤温度相对较低,考虑其传热过程对泄漏的影响,因此遵循能量守恒。其统一数学表达式为:

$$\frac{\partial}{\partial t}(\rho\varphi) + \mathrm{div}(\rho\upsilon\varphi) = \mathrm{div}(B\,\mathrm{grad}\,\varphi) + S_f^h \tag{5-50}$$

式中，t 为时间；ρ 为流体密度；φ 为通用变量；B 为扩散系数；S_f^h 为流体的焓源项；υ 为速度。

对于油水两相流渗流过程，连续控制方程为：

$$\frac{\partial}{\partial t}(\rho_m) + \nabla \cdot (\rho_m u_m) = 0 \tag{5-51}$$

式中，u_m 为油气两相流平均流速，$u_m = \dfrac{\alpha_o \rho_o u_o + \alpha_a \rho_a u_a}{\rho_m}$；$\rho_m$ 为油气两相流密度，$\rho_m = \alpha_o \rho_o + \alpha_a \rho_a$；$\alpha_o$，$\alpha_a$ 为油相、气相的体积率；u_o，u_a 为油相、气相的流速；ρ_o，ρ_a 为油相、气相的密度。

对于考虑重力的多孔介质两相流渗流过程，动量方程为：

$$\frac{\partial}{\partial t}(\rho_m u_m) + \mathrm{div} \cdot (\rho_m u_m u_m) = -\nabla p + \mathrm{div}(\mu_m \mathrm{grad} u_m) + \rho_m g + (\frac{\mu_m}{n} u_m + C_2 \frac{1}{2}\rho_m \mid u_m \mid u_m) \tag{5-52}$$

式中，n 为孔隙率；∇p 为压力梯度；μ_m 为油气两相流的黏度，$\mu_m = \alpha_o \rho_o + \alpha_a \rho_a$，kg/m-s；$u_o$，$u_a$ 为油相、气相的黏度；C_2 为惯性阻力系数。

根据多孔介质模型的黏性阻力系数和惯性阻力系数的现有计算公式厄根方程来考虑流体运动过程中的动量损失（黏性损失和惯性损失），具体计算公式如下：

$$\frac{\Delta p}{L} = 150 \frac{\mu \upsilon_s}{D_p^2}\frac{(1-\varepsilon)^2}{\varepsilon^3} + 1.75 \frac{\rho \upsilon_s^2}{D_p}\frac{(1-\varepsilon)}{\varepsilon^3} \tag{5-53}$$

推导出黏性阻力系数和惯性阻力系数，黏性阻力系数和惯性阻力系数理论计算数值公式分别为：

$$\frac{1}{\alpha} = \frac{150}{D_p^2}\frac{(1-\varepsilon)^2}{\varepsilon^3} \tag{5-54}$$

$$C_2 = \frac{3.5}{D_p}\frac{(1-\varepsilon)}{\varepsilon^3} \tag{5-55}$$

式中，ε 为土壤孔隙率；D_p 为颗粒直径。

5.6.4　网格划分

（1）打开 GAMBIT 软件，界面如图 5-97 所示。分别按照图 5-98 中的三个步骤分别进行点、线、面的绘制。

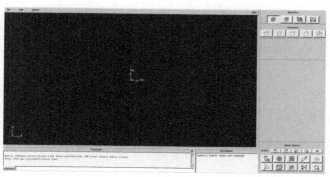

图 5-97　初始界面

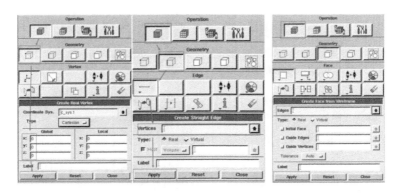

图 5-98　点线面绘制

（2）按照图5-99方式对线段进行分割，几何区域定义以后，需要对这些区域离散化，即对它进行网格划分。一般根据模型的特点进行线、面、体网格的划分，由于本算例是二维模型，只需要划分到面网格即可。生成后的网格如图5-100所示，生成网格后可点击 🔍 查看网格质量，若不符合要求可进行适当调整。

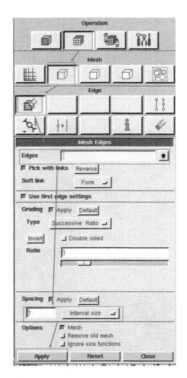

图 5-99　划分网格操作

（3）指定边界条件类型，对模拟土壤计算区域的左、右、下边界均选用压力进口"Pressure Out"（可替换为"Outflow"），与空气层的交界处设置为内部面"Interior"，空气区域各边界均设置压力进口"Pressure Inlet"（可替换为"Outflow"），管道选用壁面"Wall"，泄

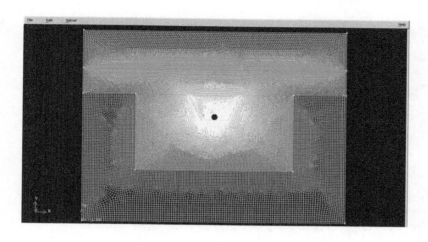

图 5-100　划分后的网格模型

漏孔选用压力入口"Pressure Inlet"或速度入口"Velocity Inlet"（本算例选用"Pressure Inlet"），各边界条件的设定详见表 5-7、图 5-101。

表 5-7　各边界条件的设定

名称	对应边	边界条件
Air-left	EF	Pressure Inlet
Air-up	ED	Pressure Inlet
Air-right	DC	Pressure Inlet
Neibu	FC(GH)	Interior
Huitian-left	GI	Interior
Huitian-down	IJ	Interior
Huitian-right	JH	Interior
Wall	KL	Wall
Leak	(KL)	Pressure Inlet
Soil-left	FA	Pressure Out
Soil-down	AB	Pressure Out
Soil-right	BC	Pressure Out

（4）对计算区域进行设定，在"Name"中输入"air"、"huitian-soil"和"normal-soil"，将"Type"设置为"Fluid"，最后点击"Apply"，如图 5-102 所示。

（5）导出网格文件，选择"File"→"Export"→"Mesh"，指定文件名，如图 5-103 所示，由于是二维模型，需要勾选 ■ Export 2-D(X-Y) Mesh ，便可生成名称为"1.mesh"的网格文件，该文件可直接由 FLUENT 读入。

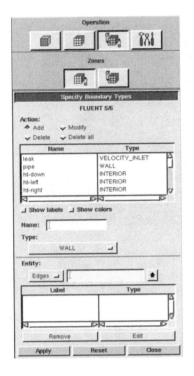

图 5-101　边界条件设定

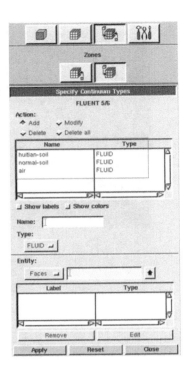

图 5-102　计算域设定

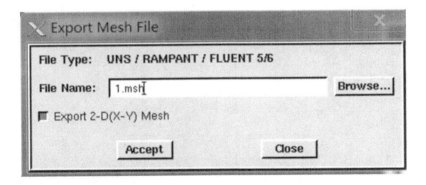

图 5-103　导出网格

5.6.5　物理参数设定

（1）打开 FLUENT 启动界面，如图 5-104 所示，在"Options"中勾选"Double Precision"选项，在"Solver Processes"中选择计算所占用计算机的核心数，"Working Directory"为计算用的文件夹。

（2）设定好上述条件后点击 Start With Selected Options 打开 FLUENT 主界面，点击"File"→"Read"→"Mesh"导入（.msh）文件，如图 5-105 所示。导入后如图 5-106 所示，若未出现预览模型，单击"Display"，按图 5-107 操作。

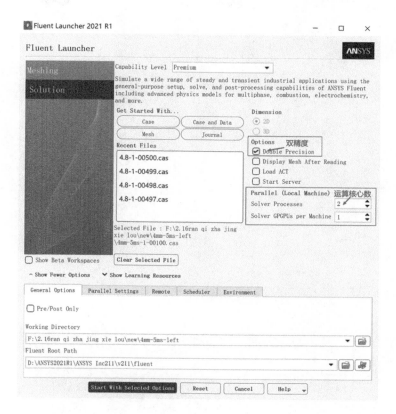

图 5-104 FLUENT 启动界面

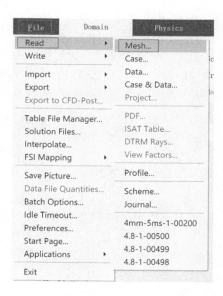

图 5-105 导入文件

图 5-106　模型预览

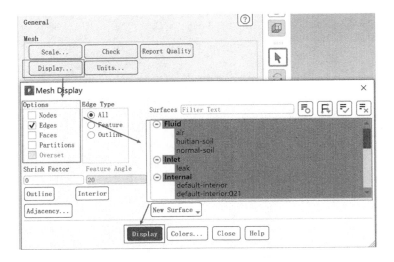

图 5-107　网格展示

（3）点击"Scale…"设定模型比例，在"Type"中选择"Pressure-Based"压力基求解器，在"Time"中选择"Transient"（瞬态），再勾选"Gravity"，设定重力加速度，按图 5-108、图 5-109 操作。

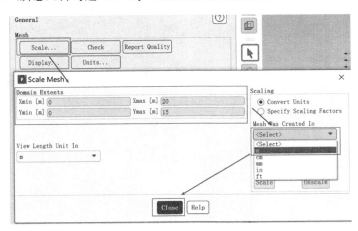

图 5-108　初始位置

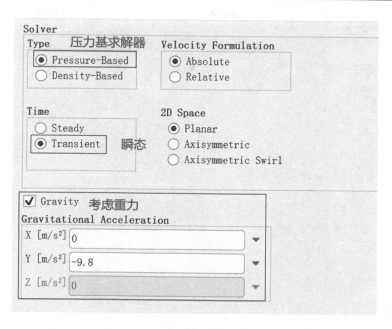

图 5-109 基本物性设置

（4）点击"Models"选择模型，此处选择"Multiphase(Volume of Fluid)"，双击该选项弹出对话框，如图 5-110 所示。在"Homogeneous Models"中选择"Volume of Fluid"，将相数设置为 2（油、空气），在"Body Force Formulation"中勾选"Implicit Body Force"。点击"Phases"，分别为两相定义名称，按图 5-111 所示操作（进行此步骤前要先对材料进行设定），最后点击"Apply"结束设置。

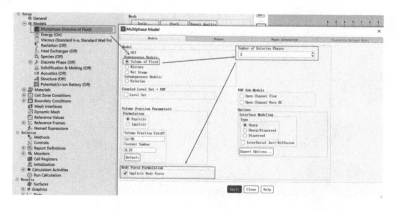

图 5-110 模型设置对话框

（5）双击"Energy(On)"（能量方程）并勾选"Energy Equation"，点击"OK"，如图 5-112 所示。

（6）双击"Viscous(Standard k-e, Standard Wall)"，在"Model"中选择"k-epsilon
(2 eqn)"、在"k-epsilon Model"中选择"Standard"，点击"OK"，如图 5-113 所示。

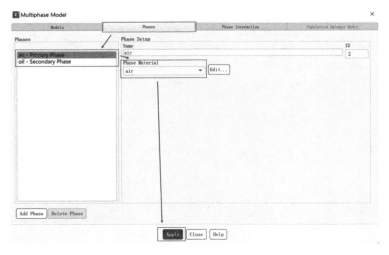

图 5-111　相名称定义

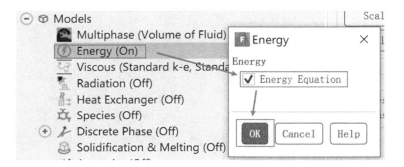

图 5-112　选择能量方程

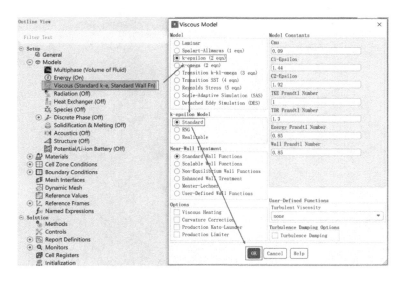

图 5-113　设置黏性模型

（7）对材料进行设定，空气默认为"air"，在"Fluid"处点击右键，弹出对话框，如图5-114所示，建立新的组分"oil"，按相应标记进行设置，油的参数按5-114所示设定，最后点击"Change/Create"。完成此步骤后，回到步骤（4）分别定义两相，同理对土壤多孔介质部分相关参数进行设定，在"Solid"中操作。

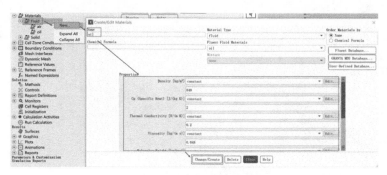

图 5-114　油的参数设定

（8）对区域进行设定，在"Fluid"中双击"huitian-soil（fluid，id＝4）"弹出对话框，勾选"Porous Zone"（多孔介质区域），选择"Porous Zone"选项卡，在"Fluid Porosity"中将"Porosity"设定为0.15（可自行修改），在"Solid Material Name"中选择之前设置好的材料，最后点击"Apply"，如图5-115所示。同理，对"normal-soil"进行设置，将孔隙率设定为0.4。

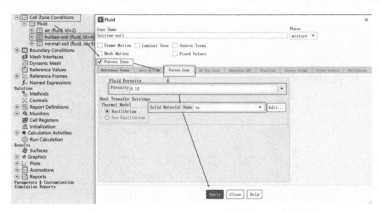

图 5-115　区域参数设定

（9）设定多孔介质区域相关参数，选择"huitian-soil（fluid，id＝4）"中的"air"与"oil"项，在多孔介质设定区域设定好黏性阻力系数和惯性阻力系数，此数值是根据厄根方程计算得来的，具体数值如图5-116所示。同理，选择"normal-soil（fluid id＝3）"中"air"与"oil"项，分别设定相关参数，如图5-117所示。

5.6.6　边界条件设定

对边界条件进行设定，选择"Boundary Conditions"→"Inlet"→"leak（pressure-inlet，id＝20）"，设定泄漏压力（若为速度入口可设定泄漏速度）、湍流强度 Turbulent Intensity 和

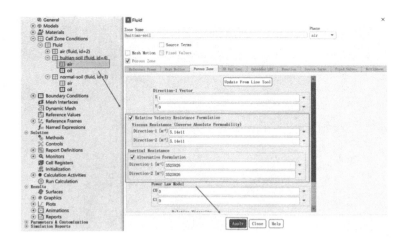

图 5-116　多孔介质中材料物性设置

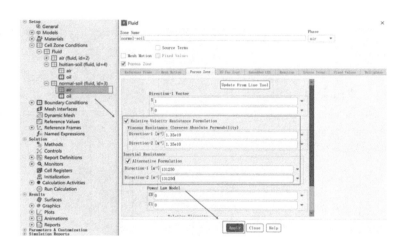

图 5-117　普通土壤材料物性设置

水力直径 Hydraulic Diameter,如图 5-118 所示。在"Thermal"中设定泄漏介质温度,可按图 5-119 设置,其余选项保存默认即可。

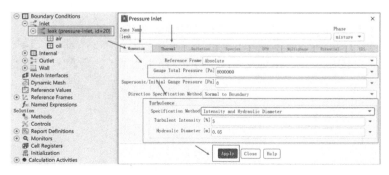

图 5-118　边界条件设定

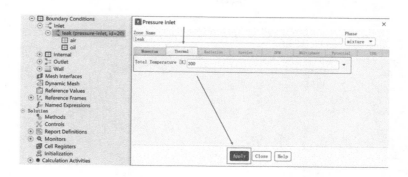

图 5-119　初始温度设置

5.6.7　监测数据设定

（1）根据所需监测的数据，设置监测点，具体步骤如图 5-120 所示。该算例监测对象为面上的某一点的平均值，因此选择"Vertex Average..."。

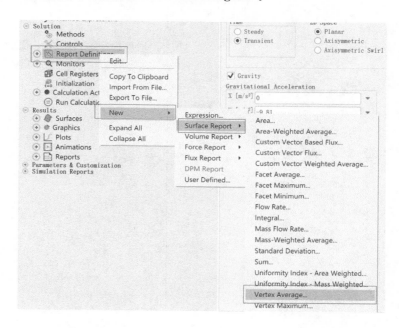

图 5-120　数据监测设置

（2）如图 5-121 所示，在"Create"中勾选"Report Files"和"Report Plots"，按图示选择监测内容及监测对象。

5.6.8　求解设定

（1）在"Solution"中双击"Methods"，选择离散求解方法，如图 5-122 所示。为提高收敛精度选用"PISO"，若要提高计算速度，各项可采用一阶迎风格式（First Order Upwind）。

图 5-121　监测点选择

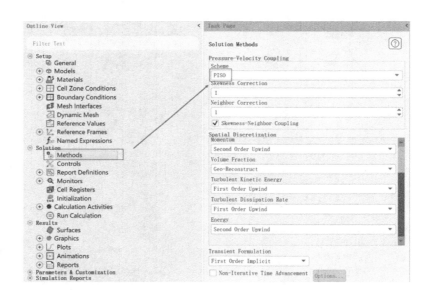

图 5-122　选择离散求解方法

（2）上述步骤完成后进行初始化，各项设置如图 5-123 中流程及数据所示。点击 "Patch"，对空气区域、土壤区域进行温度的初始设定，将空气区域设为 294.65 K、将土壤区域设为 283.15 K，操作流程如图 5-124 所示。

（3）对保存方式进行设定，如图 5-125 所示。

（4）对模型进行计算，相关设定如图 5-126 所示，最终计算步数为 18 000 步，本算例计算步骤为 3 000 步（30 s）。

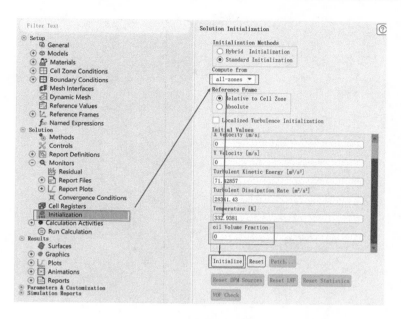

图 5-123 初始化设置

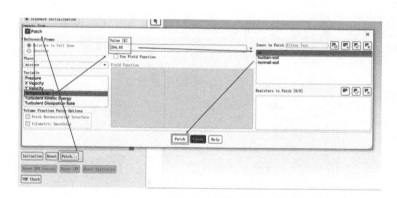

图 5-124 设置初始温度和流体材料

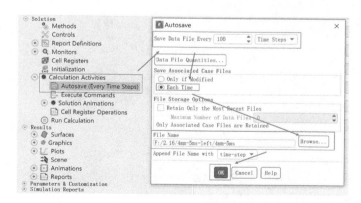

图 5-125 保存方式设定

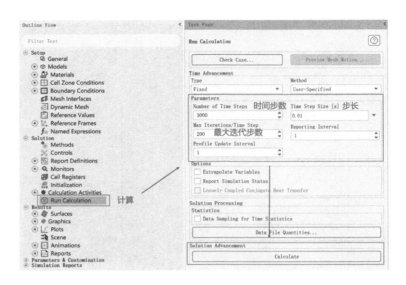

图 5-126　计算步数设定

5.6.9　结果分析

（1）计算完成后查看云图，操作步骤如图 5-127 所示。双击"Contours"，按图 5-128 操作进行设置。

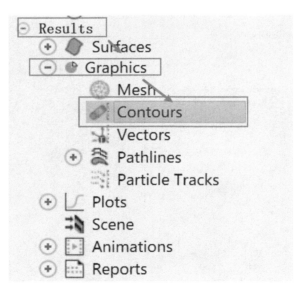

图 5-127　查看云图

（2）通过该算例计算得到的油体积分数云图，如图 5-129 所示。

（3）回填土孔隙率对原油扩散影响如图 5-130 所示。

（4）泄漏速度对原油扩散影响如图 5-131 所示。

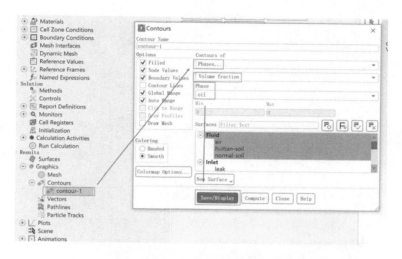

图 5-128　设置查看云图位置

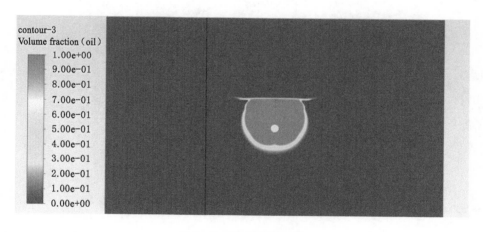

图 5-129　体积分数云图

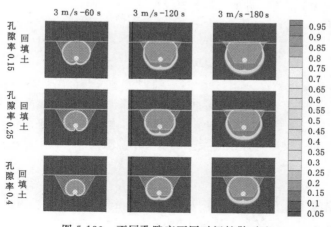

图 5-130　不同孔隙率不同时间扩散对比

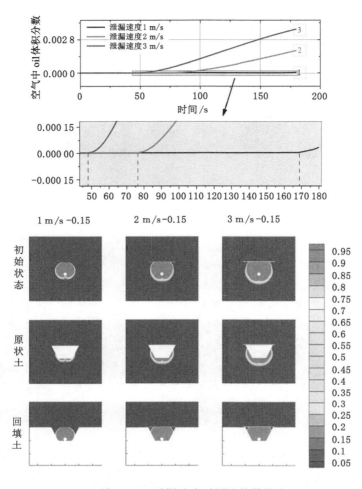

图 5-131　泄漏速度对原油扩散影响

5.7　浮顶油罐内原油湍流流动传热分析

5.7.1　工程背景

中国原油对外依存度超过 70%，伴随对石油需求增长与战略储备布局，大量的浮顶油罐成为主要储油设备，如图 5-132 所示。浮顶油罐需对原油加热维温以防原油凝固影响输送，其中盘管加热是一种广泛采用的原油维温方法。然而，加热管多为水平光管，其受热面积有限导致加热效率偏低，增加加热管与原油的换热面积是提升原油加热效果的重要途径之一。

5.7.2　物理模型

浮顶油罐是指罐顶漂浮在油面且随油品液位自由升降的盘状浮顶的油罐。浮顶油罐主要由罐顶、罐壁、罐底及附属部件等构成，其中附属部件主要包括旋转扶梯、排水管、排气阀、计量管、加热管、环壁、加强环、密封装置等，物理建模中忽略附属部件的影响。

图 5-132 浮顶油罐

由于浮顶油罐是轴对称的,因此将浮顶油罐简化为二维轴对称模型,如图 5-133 所示。浮顶油罐内原油温度主要受外界环境温度及与原油接触的罐体边界太阳辐射的影响。浮顶油罐的传热过程主要包括罐顶、罐壁与外界环境对流-辐射耦合换热,罐底与土壤的热传导。考虑土壤对原油传热过程的影响,土壤恒温层距罐体底部 12.5 m,水平侧土壤层距罐体侧壁面 7 m。罐体直径为 80 m,罐高 10 m,罐底、罐顶和罐壁材质为钢板;加热管直径为 0.05 m,距罐壁 2 m,距罐底 0.5 m,所有加热管间距均为 0.5 m。

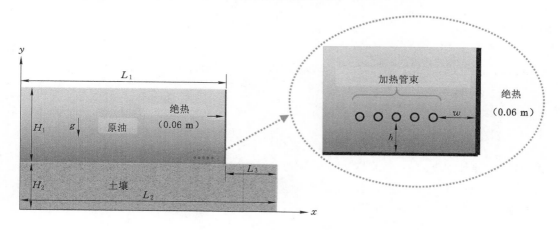

(a) 浮顶油罐物理模型

(b) 加热管翅片类型

图 5-133 浮顶油罐物理模型及加热管翅片类型

5.7.3 数学模型

为分析大空间内原油湍流流动传热特性,对浮顶油罐内原油做如下假设:

(1) 原油浮力采用 Boussinesq 近似,忽略黏性耗散项。

(2) 原油和土壤是各向同性介质,原油的热物理性质取决于温度,原油的黏度可以用幂律方程近似描述。

(3) 由于原油中蜡的总传热比例较低,因此忽略了蜡的潜热。

(4) 由于加热翅片管束由具有高导热系数的钢制成,因此加热翅片管束的表面温度被视为恒定温度。

基于上述假设,浮顶油罐内原油流动传热控制方程如下:

质量方程:

$$\frac{\partial \rho}{\partial t} + \frac{\partial (\rho u)}{\partial x} + \frac{\partial (\rho v)}{\partial y} = 0 \tag{5-56}$$

式中,t 为时间;u 为原油轴向速度;v 为原油径向速度;ρ 为原油密度;x 为轴向坐标;y 为径向坐标。

动量方程:

$$\frac{\partial (\rho u)}{\partial t} + \frac{\partial (\rho uu)}{\partial x} + \frac{\partial (\rho uv)}{\partial y} = -\frac{\partial p}{\partial x} + \frac{\partial}{\partial x}\left[(\mu + \mu_t)\frac{\partial u}{\partial x}\right] + \frac{\partial}{\partial y}\left[(\mu + \mu_t)\frac{\partial u}{\partial y}\right] \tag{5-57}$$

$$\frac{\partial (\rho v)}{\partial t} + \frac{\partial (\rho uv)}{\partial x} + \frac{\partial (\rho vv)}{\partial y} = -\frac{\partial p}{\partial y} + \frac{\partial}{\partial x}\left[(\mu + \mu_t)\frac{\partial v}{\partial x}\right] + \frac{\partial}{\partial y}\left[(\mu + \mu_t)\frac{\partial v}{\partial y}\right] + \rho g\beta(T - T_m)$$

$$\tag{5-58}$$

式中,p 为压强;g 为重力加速度;μ 为动力黏度;μ_t 为湍流黏度系数;Pr_t 为湍流普朗特数;β 为原油热膨胀系数;T_m 为参考温度。

能量方程:

$$\frac{\partial (\rho cT)}{\partial t} + \frac{\partial (\rho cuT)}{\partial x} + \frac{\partial (\rho cvT)}{\partial y} = \frac{\partial}{\partial x}\left[\left(\lambda + \frac{c\mu_t}{Pr_t}\right)\frac{\partial T}{\partial x}\right] + \frac{\partial}{\partial y}\left[\left(\lambda + \frac{c\mu_t}{Pr_t}\right)\frac{\partial T}{\partial y}\right] \tag{5-59}$$

式中,T 为原油温度;λ 为原油热导率;c 为原油比热。

计算模型中的土壤、保温材料等固相介质以热传导方式进行热量传递,其温度场分布可由导热微分方程进行求解,方程表达式如下:

$$\frac{\partial (\rho_s T)}{\partial t} = \frac{\lambda_s}{c_s}\left(\frac{\partial^2 T}{\partial x^2} + \frac{\partial^2 T}{\partial y^2}\right) \tag{5-60}$$

式中,ρ_s 为土壤、保温材料密度;λ_s 为土壤、保温材料热导率;c_s 为土壤、保温材料比热。

5.7.4 网格划分

由于靠近浮顶油罐和加热管位置处的温度和速度梯度较大,其网格密度较大,而其余部分采用相对粗糙的网格,生成了一个非均匀结构网格,用于计算域的离散化,如图 5-134 所示。

5.7.5 物性参数设定

在 FLUENT 软件中设置钢铁(steel)的物理属性,按照以下步骤进行操作:

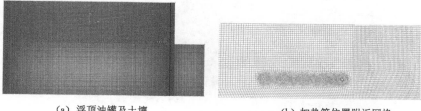

(a) 浮顶油罐及土壤　　　　　　　　(b) 加热管位置附近网格

图 5-134　网格划分

(1) 在 FLUENT 界面中点击"Materials"菜单,然后选择"fluid",以打开流体物理属性的对话框,在对话框中,找到"Material Type"选项,并选择"solid"作为材料类型。

(2) 在"Fluent Database Materials"中选择"steel"(钢铁),单击相关按钮("Browse"或"Select"),并找到和选择钢铁。

(3) 选择了钢铁材料,对话框中显示钢铁的物理参数设置选项。根据图 5-135 所示的对话框中的指示,设置钢铁的物理属性,例如密度、黏度、热导率等,提供更具体的参数值。设置完成后,确保单击"Copy/Close"按钮以保存设置并关闭对话框。

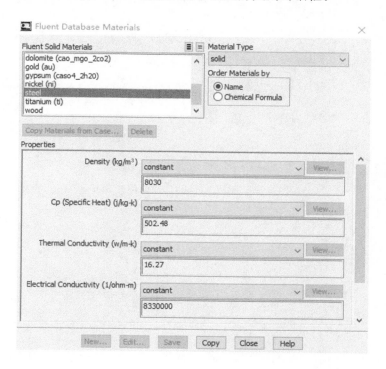

图 5-135　steel 的物性参数

(4) 最后,按照提示,依次单击"Change/Check"和"Close"按钮以应用并关闭相关对话框。

其他材料的物性参数设置见图 5-136~5-138。

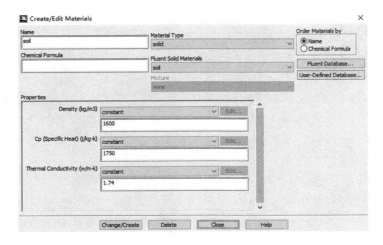

图 5-136　soil 的物性参数

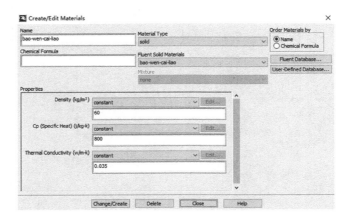

图 5-137　bao-wen-cai-liao 的物性参数

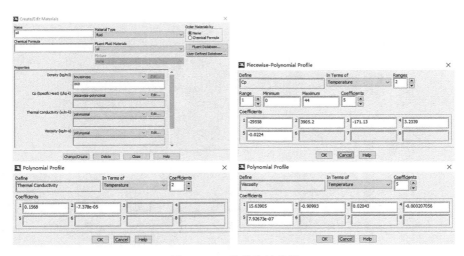

图 5-138　oil 的物性参数

5.7.6　边界条件设定

选择"Boundary Conditions"→"Zone",即可对每个边界进行设置,如图 5-139 所示;选择"Cell Zone Conditions"→"Zone",即可对流体区域进行设置,如图 5-140 所示。

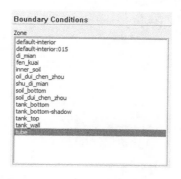

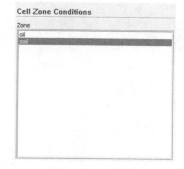

图 5-139　Boundary Conditions 对话框　　　　图 5-140　Cell Zone Conditions 对话框

具体设置如下:

(1) 设置 tube、tank_top、tank_wall、tank_bottom、soil_bottom、di_mian 区域的边界条件

在"Zone Name"中选中"tube",也就是加热管,单击"Edit",可以看到关于 tube 区域边界条件设置的对话框,如图 5-141 所示。在对话框中的"Thermal"选项中设置该区域的热传导情况。具体如下:在"Thermal Conditions"中选择"Temperature",在文本框中输入数值 353,即水桶底部温度固定为 353 K;在"Material Name"中选择"steel",单击"OK"确定设置。

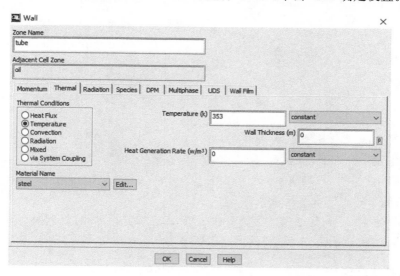

图 5-141　tube 边界条件的设置

利用同样的方法,可以分别对 tank_top、tank_wall、tank_bottom、soil_bottom、di_mian、oil_dui_chen_zhou 的边界条件进行设置,不同之处在于"Thermal"文本框的边界条件与输入值,具体设置如图 5-142 所示。

图 5-142　边界条件的设置

（2）设置 fluid 流体求解区域条件

在材料中选中"fluid"，也就是流体所在区域，点击"Edit"，然后看到关于 fluid 域属性的对话框，具体设置如图 5-143所示，最后点击"OK"。

（2）设置 solid 固体求解区域条件

在材料中选中"solid"，也就是固体所在区域，点击"Edit"，然后看到关于 solid 域属性的对话框，具体设置如图 5-144 所示，最后点击"OK"。

5.7.7　监测数据设定

本案例中，共监测油区平均温度、罐体侧壁平均温度、罐顶平均温度、罐底平均温度、油区中心温度、罐体侧壁平均热流、罐顶平均热流、罐底平均热流 8 组数据，数值自动保存时间设置为 10，其监测数据设置如图 5-145 所示。

图 5-143　fluid 流体求解区域的设置

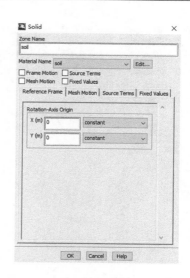

图 5-144　solid 固体求解区域的对话框

（a）油区平均温度

（b）罐顶平均热流

图 5-145　监测数据设定

5.7.8　求解设定

采用大涡模拟（LES）方法求解原油湍流，二维大涡模拟方法的调用指令为"（rpsetvar′les-2d? ♯ t）"。压力场和速度场采用"SIMPLE"算法，压力插值采用"Body Force Weighted"格式，动量方程、能量方程采用"Second Order Upwind"格式。质量方程、动量方程和能量方程的收敛残值分别设置为 10^{-3}、10^{-3} 和 10^{-6}，如图 5-146 所示。

5.7.9　结果分析

图 5-147 展示了浮顶油罐内原油温度场、流场及罐体边界热流。由图 5-147 可知，由于翅片扩展增加了翅片管束与原油的换热面积，促使更多的热量传递到原油，从而导致翅片管束附近的原油温度比光管时的更高。受热原油与局部低温原油之间存在温差，原油在密度差的影响下产生较强的流动，导致翅片管束强化原油流动传热性能。翅片数相同时，增加翅片长度，原油区域温度和流速显著增强；翅片长度相同时，存在较佳翅片数使原油区域温度明显升高。

（a）求解方法

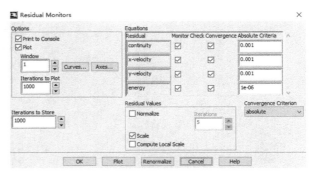

（b）设定残差值

图 5-146　求解设定

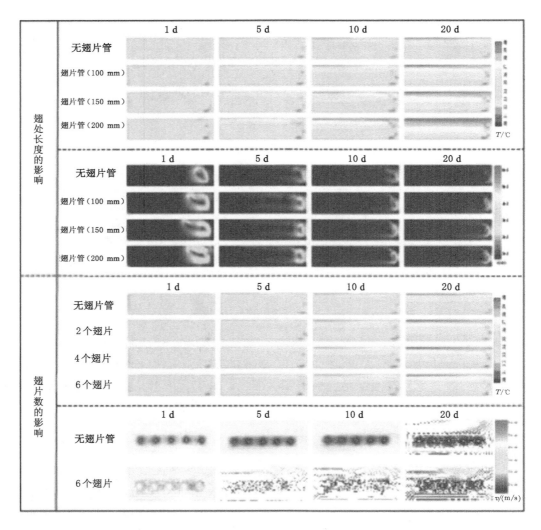

图 5-147　浮顶油罐内原油温度场、流场及罐体边界热流

5.8　沼液滴灌仿真分析

5.8.1　工程背景

近年来,随着农业结构调整,沼气工程迅速发展,2013—2020 年我国沼气工程数量翻了一番,沼气工程年产甲烷量达到 440 亿 m³。沼气工程在产生沼气的同时也会产生大量的沼液和沼渣,其中大部分是沼液,在沼气厂中仅获得 1.7%(质量)的甲烷,沼液的比例高达 87.3%(质量)。据推算我国年产沼液量已超 16 亿 t。大量的沼液是制约沼气工程规模化发展的重要因素。沼液中富含植物生长所必需的氮、磷、钾、抗生素、氨基酸等物质,是优质的有机肥料。因此,将沼液当作有机肥就近还田消纳是国家倡导的处理方式。目前沼液在农田应用的方式主要为漫灌,也有部分地区采用滴灌、穴灌等节水灌溉方式。本算例以滴灌方式为例,探究沼液在土壤中的渗流情况。

5.8.2　物理模型

滴灌属于点源入渗,将沼液看作单一的流体介质,假定土壤属于均质土壤,在各向同性的条件下可以将三维计算模型简化为二维计算模型,采用 ICEM 软件建立物理模型,最大水平宽度为作物种植行距 50 cm,最大垂直距离选取 40 cm。滴灌带置于土壤水平面中心处,滴孔沼液入渗宽度为 4 mm,模型采用速度入口,压力出口,模型如图 5-148 所示。

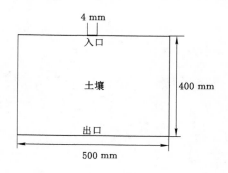

图 5-148　滴灌入渗流物理模型

5.8.3　数学模型

质量守恒方程:

$$\frac{\partial p}{\partial t} + \nabla(\rho_f \cdot v) \tag{5-61}$$

式中,v 为流体速度;ρ_f 为流体密度;t 为时间。

动量守恒方程:

$$\frac{\partial pu}{\partial t} + \nabla \cdot (\rho uu) = -\nabla p + \nabla \cdot \tau + S \tag{5-62}$$

式中,∇p 为压力梯度;u 为液体的黏度;S 为动量源项。

多孔介质模型是在定义为多孔介质的区域结合了一个根据经验假设为主的流动阻力，本质上是在动量方程中添加一个动量源项，对于简单的多孔介质模型其源项为：

$$S_i = -(\frac{\mu}{\alpha}v_i + C_2 \frac{1}{2}|v|v_i) \tag{5-63}$$

式中，μ 为黏性系数；C_2 为惯性阻力系数；α 为渗透性系数。

根据多孔介质模型的黏性阻力系数和惯性阻力系数的现有计算公式厄根方程来考虑流体运动过程中的动量损失（黏性损失和惯性损失），具体计算公式如下：

$$\frac{|\Delta p|}{L} = 150 \frac{\mu v_s}{D_p^2} \frac{(1-\varepsilon)^2}{\varepsilon^3} + 1.75 \frac{\rho v_s^2}{D_p} \frac{1-\varepsilon}{\varepsilon^3} \tag{5-64}$$

推导出黏性阻力系数和惯性阻力系数，黏性阻力系数和惯性阻力系数理论计算数值公式分别为：

$$\frac{1}{\alpha} = \frac{150}{D_p^2} \frac{(1-\varepsilon)^2}{\varepsilon^3} \tag{5-65}$$

$$C_2 = \frac{3.5}{D_p} \frac{1-\varepsilon}{\varepsilon^3} \tag{5-66}$$

式中，ε 为土壤孔隙率；D_p 为颗粒直径。

5.8.4　网格划分

（1）打开 ICEM 软件，界面如图 5-149 所示。分别按照图 5-150 中的三个步骤分别进行点、线、面的绘制。

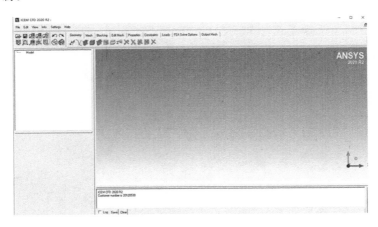

图 5-149　ICEM 界面

创建面后，进行拓扑，在"Geometry"选项栏中选择 ▨ 图形，出现如图 5-151 所示界面，将"Tolerance"设置为 0.8，点击"Apply"。

（2）定义 PART，按照图 5-152 所示模型边界进行 PART 创建，选择"PART"→右键选择"Create Part"，在"Part"文本框中输入名称入口"INLET"，出口"OUTLET"，壁面设置为"WALL"，面 PART 设置为"FLUID"。

（3）创建 Block，点击"Blocking"，选择下方第一个选项 ▨ ，将"Part"名称定义为

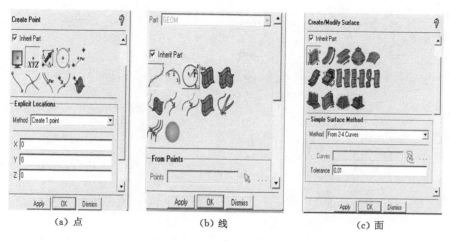

（a）点　　　　　　　　（b）线　　　　　　　　（c）面

图 5-150　点、线、面设置选项

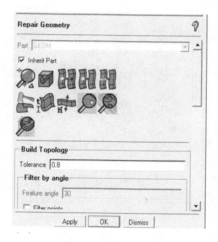

图 5-151　拓扑面

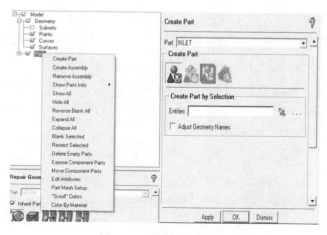

图 5-152　创建模型边界

"FLUID",在"Initialize Blocks"下方的"Type"选项中选择"2D Planar",点击"Apply",如图 5-153所示。

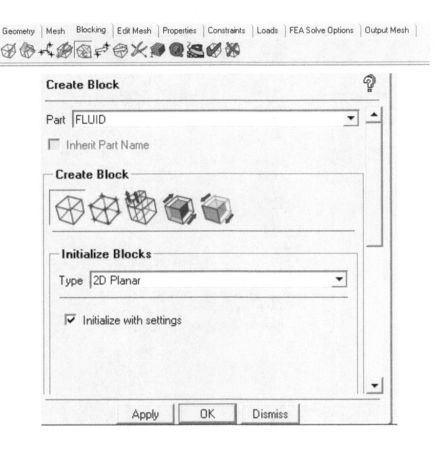

图 5-153　创建 Block

在"Blocking"下方选项中选择 切割块,在"Split Method"中选择"Prescribed point",之后点击"Edge"右侧箭头,选择要进行切割的 edge,点击鼠标中键确定,再选择对应切割的几何模型上的点,点击鼠标中键确定,如图 5-154 所示。

在"Blocking"下方选项中选择 进行关联,先选择"Edge"再选择"Curve",一一对应,若选择不好可在左侧"model"下方先将"Curve"关闭,选择"Edge"后再打开"Curve"选择对应的 Curve,如图 5-155 所示。

（4）网格划分,在"Blocking"选项中选择"Pre-Mesh Params" ,进入设置界面,选择 ,在 FLUENT 界面中,找到并选择"edge1"。

在相应的节点输入框中输入值 200。

单击"Copy Parameters"按钮（通常是两个重叠的纸张图标或复制图标）,以将"edge1"上的参数设置复制到剪贴板。

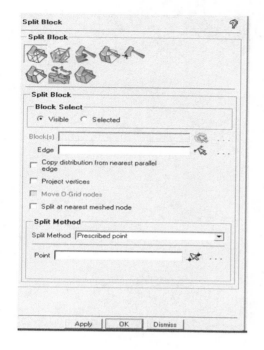

图 5-154 切割块

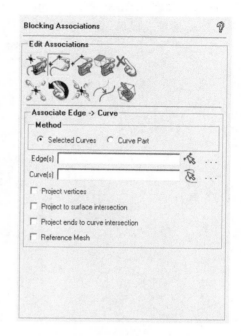

图 5-155 进行关联

找到与"edge1"平行且需要相同设置的边,各参数设置见图 5-156。

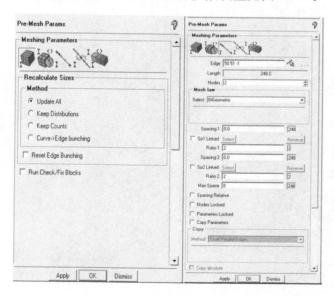

图 5-156 网格划分

选择那些需要相同设置的边。

单击右键,从弹出菜单中选择"Paste Parameters"(通常是粘贴图标),将之前复制的参数设置应用到所选的边。

确认参数设置无误后,单击"Apply"按钮(通常是对号图标或应用图标)以应用设置(图 5-157)。设置完成后,点击左侧"Pre-Mesh"生成网格。

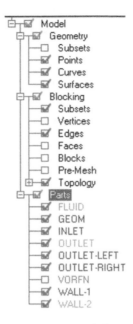

图 5-157　确认参数设置无误

在 FLUENT 软件中,打开你要处理的网格文件(图 5-158)。

图 5-158　打开网格文件

在网格界面中,使用鼠标右键单击任意位置。

在弹出的菜单中,选择"Pre-Mesh"选项。

在"Pre-Mesh"选项中,继续使用鼠标右键单击。

在弹出的菜单中选择"Convert to Unstruct Mesh"(转换为非结构化网格)选项,见图 5-159。

根据网格大小和复杂程度,需要一些时间来完成网格转换过程。等待进度完成。

输出网格设置见图 5-160。

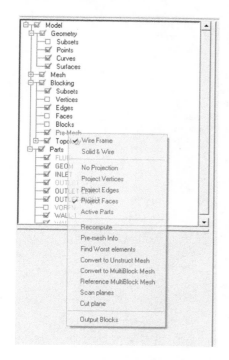

图 5-159　进行网格转换

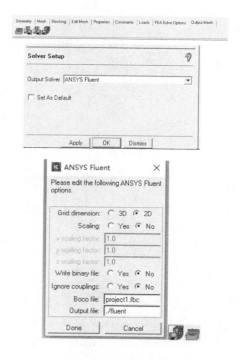

图 5-160　输出网格设置

5.8.5　物性参数设定

单位和求解参数设置见图 5-161 和图 5-162。

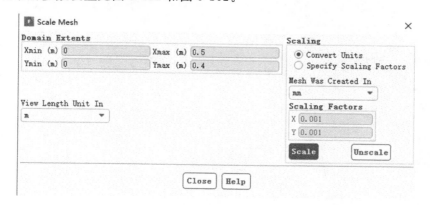

图 5-161　单位设置

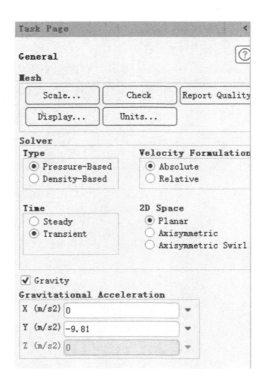

图 5-162　求解方式设置

　　进入 FLUENT 界面设置选择瞬态、勾选重力。

　　土壤渗流问题可以假设土壤孔隙中充满空气,将问题转化为多相流问题,选择 VOF 模型(图 5-163),第一相设置为空气(图 5-164),第二相设置为沼液。

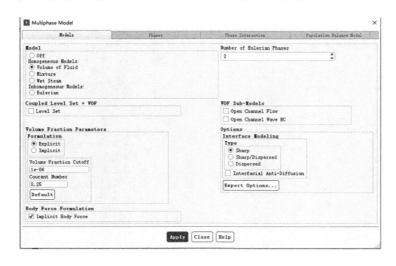

图 5-163　选择 VDF 模型

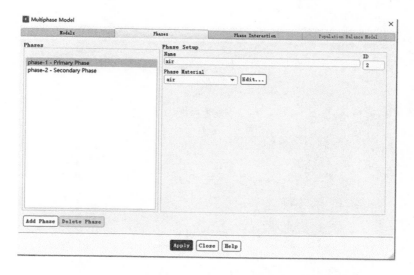

图 5-164 流体设置为空气

黏性模型选择层流,见图 5-165。

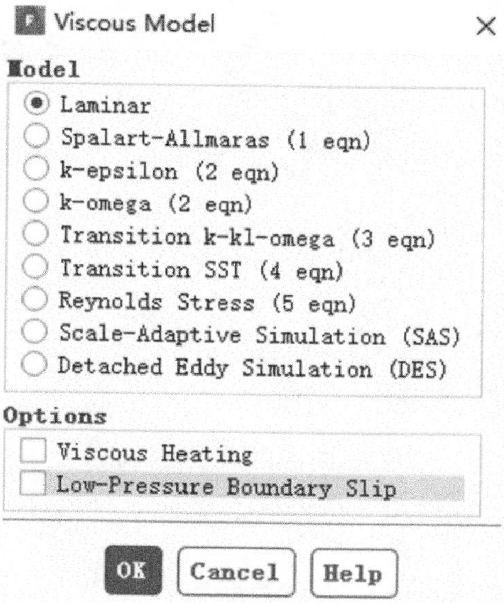

图 5-165 黏性模型设置

在流体材料中新建一个材料,更名为"biogas-slurry",密度设置为 1 006 kg/m³,黏度改为 0.002 135,导热系数等参数采用水的,若不考虑传热问题可不设置采用默认值,材料属性设置见图 5-166。

在固体材料中新建材料土壤,密度设置为 2 500,见图 5-167。

选择多孔介质模型,设置孔隙度为 0.4,下方固体材料选择新建立的土壤,见图 5-168。

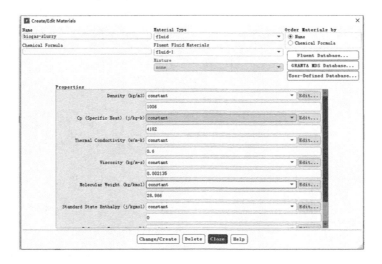

图 5-166　材料属性设置

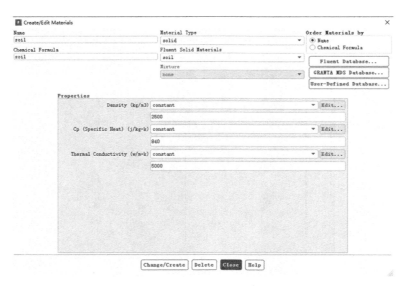

图 5-167　土壤密度设置

设置黏性阻力和惯性阻力系数(图 5-169),取土壤颗粒 0.001 mm,由前面方程计算得出阻力系数。

5.8.6　边界条件设置

采用速度入口,设置流速为 0.000 24 m/s,见图 5-170。

在速度下方第二相中设置沼液体积分数,见图 5-171。

土壤内部条件设为多孔跳跃面,设置渗透率、多孔介质厚度等参数,见图 5-172。

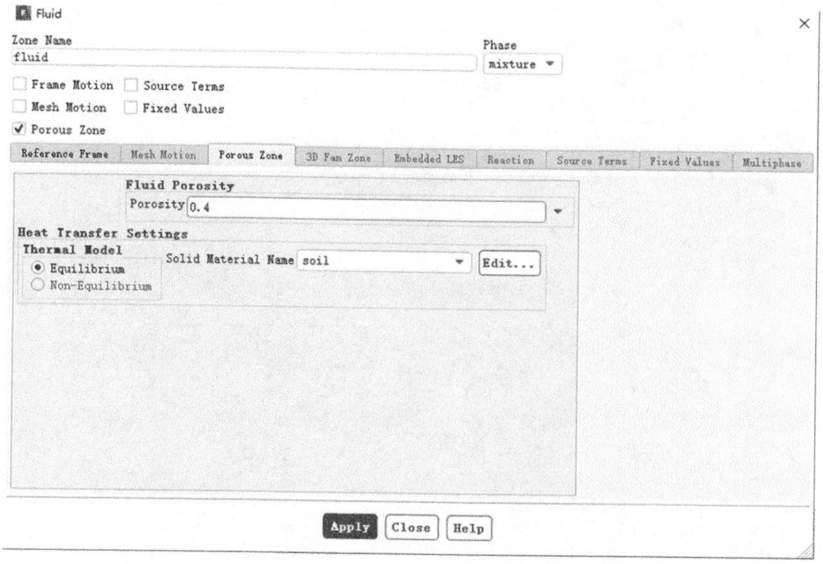

图 5-168 孔隙度设置

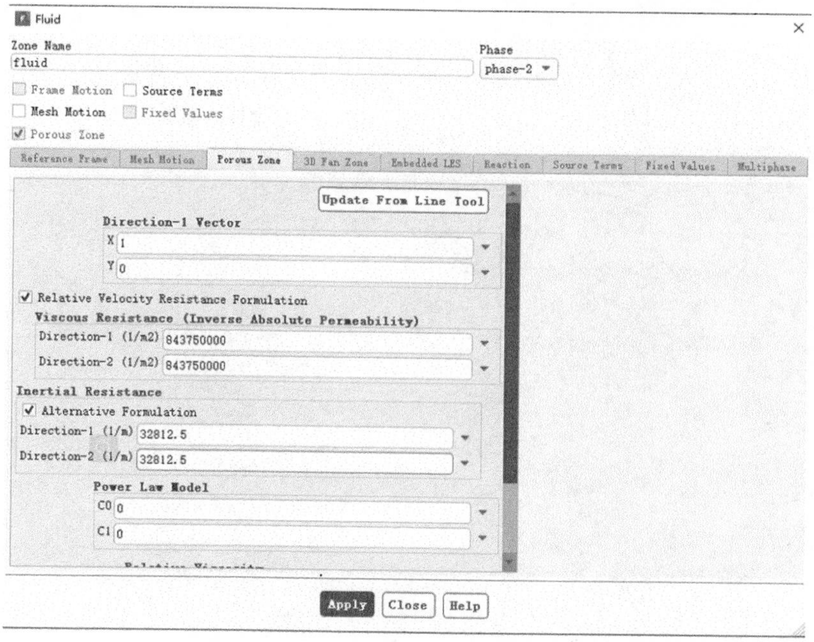

图 5-169 设置黏性阻力和惯性阻力系数

5.8.7 求解设置

选择计算瞬态的 PISO 进行求解，见图 5-173。

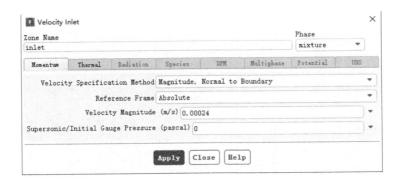

图 5-170　入口速度设置

图 5-171　沼液体积分数设置

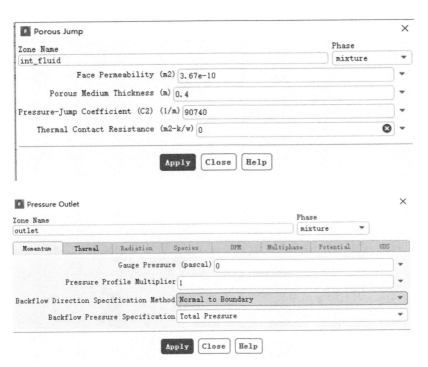

图 5-172　土壤内部条件参数设置

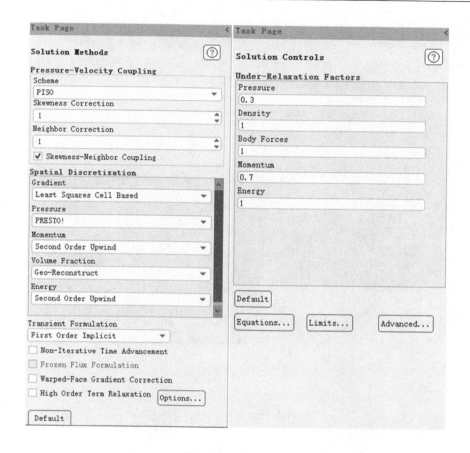

图 5-173   求解设置

5.8.8　监视器选择

在"Monitor"中进行设置,选择"Report Files",点击"New",对于多相流问题大部分选择监测相体积分数,在"Volume Report"选项中"Report Type"选择"Mass-average",在"Phase"中选择第二相,各参数设置见图 5-174。

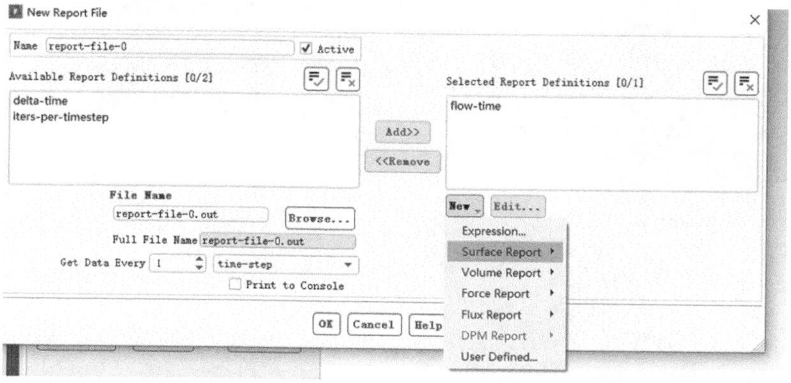

图 5-174   监视器选择

5.8.9　后处理

在"Result"选项中选择"Graphics"下的"Contours"查看云图,可查看压力,速度,相分布等,温度云图和速度矢量云图如图 5-175、图 5-176 所示。

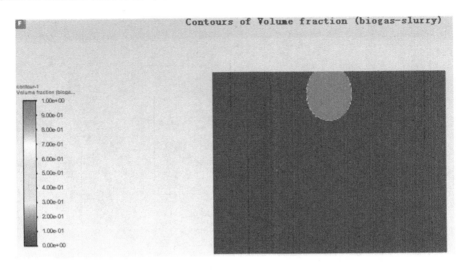

图 5-175　温度云图

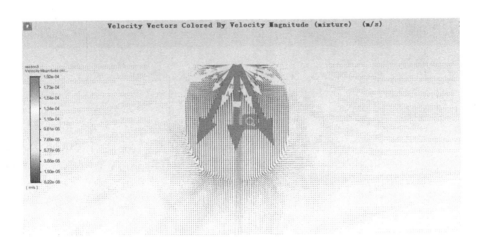

图 5-176　速度矢量云图

参 考 文 献

[1] 陶文铨.数值传热学[M].2 版.西安:西安交通大学出版社,2001.

[2] 王福军.计算流体动力学分析:CFD 软件原理与应用[M].北京:清华大学出版社,2004.

[3] LI D,WU Y Y,LIU C Y,et al. Thermal analysis of crude oil in floating roof tank equipped with horizontal heating finned tube bundles[J].ES energy & environment, 2021:65-76.

[4] LI D,ZHANG C J, Q LI, et al. Thermal performance evaluation of glass window combining silica aerogels and phase change materials for cold climate of China[J]. Applied thermal engineering,2020,165:1-10.

[5] CHOW Y M.A discontinuous Galerkin nodal control-volume method for the solution of the Euler equations on unstructured grids[J].Journal of computational physics, 1995,118(2):147-165.

[6] HIRSCH C.Numerical computation of internal and external flows[M]//The fundamentals of computational fluid dynamics.2nd ed.[S.l.:s.n.],1991.

[7] FLETCHER C A J.Computational techniques for fluid dynamics 1:fundamental and general techniques[M].Berlin:Springer-Verlag,1991.

[8] ANDERSON D A,TANNEHILL J C, PLETCHER R H.Computational fluid mechanics and heat transfer[M].[S.l.]:CRC Press,1984.

[9] 李永华,潘朝红,严立,等.利用原型辐射传热模型进行锅炉炉内数值模拟[J].华北电力大学学报,1999,26(3):46-49.

[10] 江海斌,吴晓艳.工程热力学实验教学改革探索[J].中国电力教育,2013(34):152-153.

[11] ODEN J T. Finite elements of nonlinear continua[M].[s.L.:s.n.],1972.

[12] ZIENKIEWICZ O C.The finite element method in engineering science[M].London: McGraw-Hill,1977.

[13] CHUNG T J.Computational fluid dynamics[M].Cambridge:Cambridge University Press,1978.

[14] BAKER A J.Finite element computational fluid mechanics[M].New York:Hemisphere Publishing Corporation,1983.

[15] GIRAULT V,RAVIART P.Finite element methods for navier-stokes equations:theory and algorithms[M].Berlin:Springer-Verlag,1986.

[16] RICHTMYER R D.Difference methods for initial-value problems[M].New York:

Interscience Publishers,1967.

[17] RONGWONG W,GOH K,BAE T-H.Energy analysis and optimization of hollow fiber membrane contactors for recovery of dissolve methane from anaerobic membrane bioreactor effluent[J].Journal of membrane science,2018,554:184-194.